国家示范校建设成果教材
中等职业学校项目化教学改革教材

建筑工程识图与绘图

主 编 程晓慧 卢永芬
副主编 王 哲 任宇虹

中国水利水电出版社
www.waterpub.com.cn
·北京·

内 容 提 要

本书是中高等职业院校建筑工程施工技术等专业的专业基础课教材,分为四个部分:建筑工程识图与绘图的准备知识;某学校学生公寓建筑施工图的识读与绘制;某学校单身教师公寓建筑施工图的识读与绘制;某学校学生实训楼建筑施工图的识读与绘制。本书有配套的《建筑工程图集》可供选用。

本书适用于中高等职业院校建筑工程施工技术、工程造价、建筑工程监理、建筑装饰等专业的教学,也可供相关专业技术人员参考。

图书在版编目(CIP)数据

建筑工程识图与绘图 / 程晓慧,卢永芬主编. -- 北京 : 中国水利水电出版社,2016.8(2021.7重印)
国家示范校建设成果教材 中等职业学校项目化教学改革教材
ISBN 978-7-5170-4061-3

Ⅰ. ①建… Ⅱ. ①程… ②卢… Ⅲ. ①建筑制图—识图—中等专业学校—教材 Ⅳ. ①TU204.21

中国版本图书馆CIP数据核字(2016)第232385号

书　名	国家示范校建设成果教材 中等职业学校项目化教学改革教材 **建筑工程识图与绘图** JIANZHU GONGCHENG SHITU YU HUITU	
作　者	主编 程晓慧 卢永芬 副主编 王哲 任宇虹	
出版发行	中国水利水电出版社	
	(北京市海淀区玉渊潭南路1号D座 100038)	
	网址:www.waterpub.com.cn	
	E-mail:sales@waterpub.com.cn	
	电话:(010)68367658(营销中心)	
经　售	北京科水图书销售中心(零售)	
	电话:(010)88383994、63202643、68545874	
	全国各地新华书店和相关出版物销售网点	
排　版	中国水利水电出版社微机排版中心	
印　刷	清淞永业(天津)印刷有限公司	
规　格	184mm×260mm 16开本 12印张 285千字	
版　次	2016年8月第1版 2021年7月第2次印刷	
印　数	2001—4000册	
定　价	**42.00元**	

前言
PREFACE

"建筑工程识图与绘图"是建筑工程施工技术等专业的一门专业基础课，是结合建筑行业对中高等技术应用人才的要求编写的。本书将原建筑工程施工技术专业的"建筑工程识图""房屋建筑学""建筑CAD"三门课程进行整合，科学处理知识、能力、素质三者之间的关系，理论知识以够用为度，突出对学生的专业技能的培养和训练。

本书分为四个部分，第一部分是建筑工程识图与绘图的准备知识，重点讲解制图标准、方法、工具等基本知识；第二部分是某学校学生公寓建筑施工图的识读与绘制，重点介绍该项目建筑施工图的识读、构造以及如何用AutoCAD软件绘制建筑施工图；第三部分是某学校单身教师公寓建筑施工图的识读与绘制，重点讲解建筑物分类、相关部分构造及如何用AutoCAD软件绘制该项目建筑施工图；第四部分是某学校学生实训楼建筑施工图的识读与绘制。重点讲解屋面防水构造及立面图、剖面图的识读与绘制。

全书在内容阐述上深入浅出，重在实用，充分体现工作过程的导向性，以实际工作任务为引领、层次分明、图文并重，把理论知识寓于实践教学中，加强学生动手能力和职业素养的培养，并配套有相应识图图册。

为了保证本书的编写质量，贵州水利水电职业技术学院成立了校长、党委书记组成的领导小组，成立了编写委员会，领导小组主要负责校本教材开发和实施的领导工作，并明确责任到编写小组。具体分工如下：程晓慧负责项目一的编写：卢永芬负责项目二的编写；王哲、任宇虹负责项目三及配套图册的编写。

编者

2016 年 7 月

目 录
CONTENTS

绪论　建筑工程识图与绘图的准备知识

知识一　建 筑 制 图 标 准

"建筑工程识图与绘图"是后续课程的基础课程，也是培养识图和绘图基本能力的一门课程。为了使房屋建筑制图规格基本统一，图面清晰简明，提高绘图效率，保证图面质量，符合设计、施工、存档的要求，适应国家工程建设的需要，设计和制图人员都必须熟悉和遵守（GB/T 50001—2010）《房屋建筑制图统一标准》（简称"国标"）的规定。

一、手工制图工具和用品的识别及使用

（一）图板、丁字尺、三角板

1. 图板

图板是用来安放图纸及配合丁字尺、三角板等进行作图的工具，要求板面光滑、平整，图板的左边是导边，必须保持平整。图板的大小有不同的规格，可根据需要选定。1号图板适用于画 A1 号图纸，2 号图版适用于画 A2 号图纸。

2. 丁字尺

丁字尺由尺头和尺身组成（图 0-1），两者的连接有固定和活动两种方式。丁字尺的主要用途是与图板配合，用来画水平线。丁字尺的工作边必须保持平直光滑，用完后宜竖直挂起来，以免尺身弯曲变形或折断。

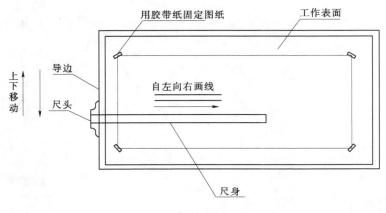

图 0-1　图板和丁字尺

3. 三角板

一副三角板由两块组成，一块是 45°等腰直角三角形，另一块是 30°和 60°直角三角形。三角板除了直接用来画直线外，还可以配合丁字尺画铅垂线以及 15°、30°、45°、60°、75°的倾斜线（图 0-2），也可以用两块三角板配合，画出任意倾斜直线的平行线或

垂直线（图 0-3）。

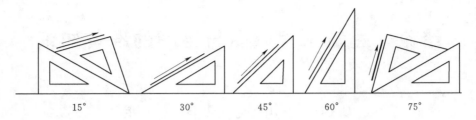

图 0-2 三角板与丁字尺配合画各种不同角度的倾斜线

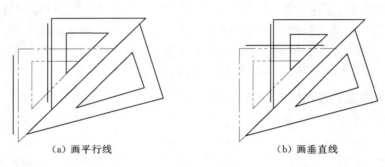

（a）画平行线 （b）画垂直线

图 0-3 画任意倾斜直线的平行线或垂直线

（二）圆规和分规

圆规是画圆和画弧的专业仪器，如图 0-4 所示。分规是用来量取线段的长度和分弧线段、圆弧的仪器，如图 0-5 所示。

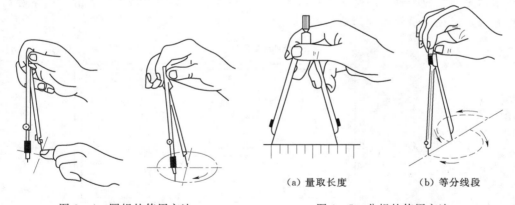

（a）量取长度 （b）等分线段

图 0-4 圆规的使用方法　　　图 0-5 分规的使用方法

（三）比例尺

比例尺是绘图时用于放大或缩小实际尺寸的一种尺子，常用的呈三棱柱状，称为三棱尺。三棱尺上有 6 种刻度，通常分别表示为 1∶100、1∶200、1∶300、1∶400、1∶500、1∶600 六种比例，比例尺上的数字以 m 为单位，例如数字 1 代表实际长度 1m，5 代表实际长度 5m。例如，一栋房子的某两条轴线之间的距离为 3600mm（3.6m），采用 1∶100 的比例绘图时，可以直接在 1∶100 的尺身上量到 3.6″即可，如图 0-6 所示。

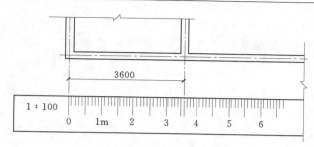

图 0-6　比例尺的使用

（四）铅笔、模板、曲线板

1. 铅笔

铅笔是绘图最常用的用品，有软硬之分，即 B 型和 H 型。"B"表示软，标号 B、2B、…、6B 表示软铅笔芯，数字越大，表示铅笔芯越软；"H"表示硬，标号 H、2H、…、6H 表示硬铅笔芯，数字越大，表示铅笔芯越硬。画底稿通常选用稍硬的 H 或 2H 铅笔，加深图线选用稍软的 B 或 2B 铅笔，写字用软硬适中的 HB 铅笔。铅笔的削法如图 0-7 所示。

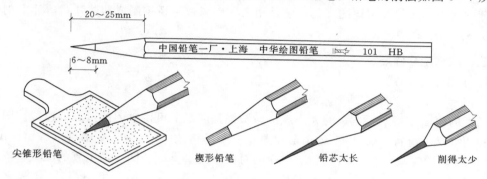

图 0-7　铅笔的削法

2. 模板

各专业有各自的模板，建筑模板主要是用来画各种建筑标准图例和常用符号，如图 0-8 所示。

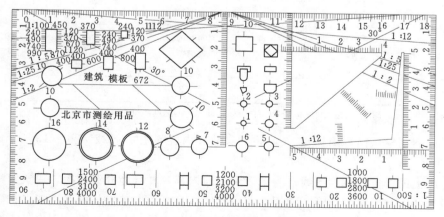

图 0-8　建筑模板

3

3. 曲线板

曲线板是描绘各种非圆曲线的专业工具，如图0-9所示。

图0-9　曲线板

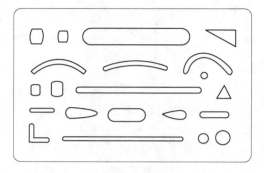

图0-10　擦图片

4. 擦图片

擦图片是用来修改错误图样的。它是用透明塑料或不锈钢制成的薄片，薄片上刻有各种形状的模孔（图0-10）。

二、建筑制图标准

（一）图幅、图线

1. 图幅

图纸的幅面是指图纸本身的大小规格。图框是图纸上可供绘图的范围的边线。图纸的幅面和图框尺寸应符合表0-1的规定和图0-11的格式。从表0-1中可以看出，A1幅面是A0幅面的对裁，A2幅面是A1幅面的对裁，其余类推。同一项工程的图纸，不宜多于两种幅面。以短边作竖直边的图纸称为横式幅面［图0-11（a）］，以短边作为水平边的图纸称为立式幅面［图0-11（b）］。一般A0～A3图纸宜用横式幅面。

表 0 - 1　　　　　　　　　　　　幅 面 及 图 框 尺 寸　　　　　　　　　　　单位：mm

尺寸代号	幅 面 代 号				
	A0	A1	A2	A3	A4
$b \times l$	841×1189	594×841	420×594	297×420	210×297
c	10			5	
a	25				

注　b代表短边尺寸，l代表长边尺寸，a、c为图框与幅面线之间的宽度单位为mm。

图纸的标题栏（简称图标）、会签栏的尺寸和内容如图0-12、图0-13所示。

2. 图线

画在纸上的线条统称为图线。为了表示不同内容，并且能分清主次，建筑图样必须使用不同线型和不同粗细的图形。常用的图线有实线、虚线、单点长画线、双点长画线、折断线和波浪线六类，线有粗、中粗、中、细之分。各类线型及其宽度、用途见表0-2。

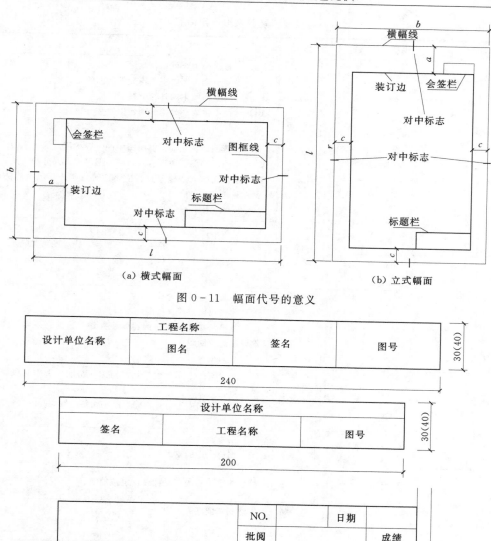

（a）横式幅面　　　　　　　　　（b）立式幅面

图 0-11　幅面代号的意义

设计单位名称	工程名称		签名	图号	30(40)
	图名				

240

设计单位名称			30(40)
签名	工程名称	图号	

200

		NO.		日期	
		批阅			成绩
姓名	专业		某住宅楼立面图		
班级	学号				

图 0-12　标题栏

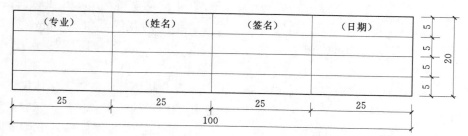

（专业）	（姓名）	（签名）	（日期）	5
				5
				5
				5
25	25	25	25	20

100

图 0-13　会签栏

表 0-2   各类线型及其宽度、用途

名称	线型	线宽	用　　途
粗实线	——————————	b	(1) 一般作为主要可见轮廓线。 (2) 平面、剖面图中主要构配件断面的轮廓线。 (3) 建筑立面图中的外轮廓线。 (4) 详图中主要部分的断面轮廓线和外轮廓线。 (5) 总平面图中新建建筑物的可见轮廓线
中实线	——————————	$0.5b$	(1) 建筑平面、立面、剖面图中的一般构配件的轮廓线。 (2) 平面、剖面图中没有剖切到，但可看到部分的轮廓线。 (3) 总平面图中新建道路、桥涵、围墙等及其他设施的可见轮廓线和区域分界线。 (4) 尺寸起止符号
细实线	——————————	$0.25b$	(1) 总平面图中新建人行道、排水沟、草地、花坛等可见轮廓线，原有建筑物、铁路、道路、桥涵、围墙的可见轮廓线。 (2) 图例线、索引符号、尺寸线、尺寸界线、引出线、标高符号、较小图形的中心线
中虚线	— — — — — —	$0.5b$	(1) 一般不可见轮廓线。 (2) 建筑构造及建筑构配件不可见轮廓线。 (3) 总平面图计划扩建的建筑、铁路、道路、桥涵、围墙及其他设施的轮廓线。 (4) 平面图中吊车轮廓线
细虚线	- - - - - - - -	$0.25b$	(1) 总平面图中原有建筑物和道路、桥涵、围墙等设施的不可见轮廓线。 (2) 结构详图中不可见钢筋混凝土构件轮廓线。 (3) 图例线
粗单点长画线	—— · —— · ——	b	(1) 吊车轨道线。 (2) 结构图中的支撑线
细单点长画线	— · — · — · —	$0.25b$	分水线、中心线、对称线、定位轴线
折断线	—————⌇—————	$0.25b$	不需画全的断开界限
波浪线	∿∿∿∿∿	$0.25b$	不需画全的断开界限

　　每个图样应先根据形体的复杂程度和比例的大小，确定基本线宽 b。b 值可从以下的线宽系列中选取，即 0.35mm、0.5mm、0.7mm、1.0mm、1.4mm、2.0mm，常用的 b 值为 0.35～1mm。决定 b 值之后，例如 1.0mm，则粗线的宽度按表 0-2 的规定定为 b，即 1.0mm；中粗实线的宽度为 $0.75b$，即 0.75mm；中线的宽度为 $0.5b$，即 0.5mm；细线的宽度为 $0.25b$，即 0.25mm。每一组粗、中粗、细线的宽度，如 1.0mm、0.75mm、0.5mm、0.25mm，合称为线宽组。

　　（二）字体

　　建筑工程图样所书写的汉字、字母、数字和符号等，均应笔画清晰、字体端正、排列整齐、间隔均匀。如果书写潦草，难于辨认，不仅影响图样的清晰和美观，还容易发生误解，甚至导致施工的差错或造成麻烦，因此，制图标准对字体的规格和要求作了同样的规定。

1. 汉字

图样中的汉字应写成长仿宋体字，并应采用国务院正式公布的《汉字简化方案》中规定的简化字。汉字的高度 h 不应小于 3.5mm，为了使字行清楚，行距应大于字距。宽度和高度的关系应符合表 0-3 的规定，图纸中常用的 10 号、7 号、5 号、3.5 号字的高宽比例及示意如图 0-14 所示。

表 0-3		长仿宋体汉字的宽度与高度			单位：mm
字高	20	14	10	7	5	3.5
字宽	14	10	7	5	3.5	2.5

10 号字　　**字体工整　笔画清楚　间隔均匀　排列整齐**

7 号字　　**横平竖直　注意起落　结构均匀　填满方格**

5 号字　　技术制图　机械电子　汽车船舶　土木建筑

3.5 号字　　螺纹齿轮　航空工业　施工排水　供暖通风　矿山港口

图 0-14　长仿宋体字高宽比例及文字示例

2. 数字和字母

数字和字母分斜体和直体两种，斜体字的字体向右倾斜15°。数字和字母各分 A 型和 B 型两种字体，A 型字体的笔画宽度为字高的 1/14，B 型为 1/10，如图 0-15 所示。

（a）A 型　　　　　　　　　　　　（b）B 型

图 0-15　数字和字母

（三）尺寸标注

建筑工程图中除了用线条表示建筑物的外形、构造外，还要有尺寸标注数字，来准确、清楚地表达建筑物的实际尺寸，以此作为施工的依据。

图样上的尺寸由尺寸界限、尺寸线、尺寸起止符号和尺寸数字组成，如图 0-16 所示。

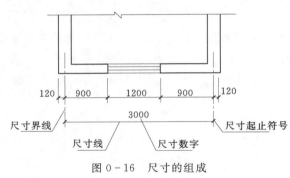

图 0-16　尺寸的组成

图样上标注的尺寸，除标高及总平面图以米（m）为单位外，其余一律以毫米（mm）为单位，图上尺寸数字都不再注写单位。

尺寸标注的基本要素包括以下几点：

（1）尺寸界线。一般应与尺寸线垂直，一端距离图样轮廓线不小于 2mm，另一端略超尺寸线 2～3mm，必要时允许倾斜，但尺寸界线必须相互平行。尺寸界线在图样中一般用细实线绘制。

（2）尺寸线。尺寸线表示所注尺寸的方向，用细实线绘制。尺寸线不能用其他图线代替，也不得与其他图线重合或画在其延长线上。尺寸线的终端结构有箭头和斜线两种形式。

标注线性尺寸时，尺寸线必须与所标注的线段平行；当有几条相互平行的尺寸线时，小尺寸在内，大尺寸在外，以保持尺寸清晰。图样上各尺寸线间或尺寸线与尺寸界线之间应尽量避免相交。

（3）尺寸数字。尺寸数字表示尺寸的大小。尺寸数字不得被任何图线所通过，无法避免时必须将所遇图线断开，线性尺寸的数字一般应注写在尺寸线的上方，也允许注写在尺寸线的中断处。

（4）尺寸起止符号。一般用粗短画线绘制，应与尺寸界限成顺时针 45°，长度为 2～3mm；另有半径、直径、角度和弧度，可以用箭头表示。

知识二　投影的基本原理

日常的绘画和摄影所表现的物体和建筑物，虽然形象逼真、立体感很强、很容易看懂，但是这种图不能把建筑物各个部分的真实形状和大小准确地表示出来，它无法表达全面的设计意图，更不能用来指导施工。

建筑工程中所用的图样，都是用投影的方法绘制出来的。如一幢房屋，从几个方向绘出它的投影图，反映房屋的真实形状大小，标注完整的尺寸和符号。为了掌握识图和绘制工程图的技能，必须学习识图与绘图的理论基础——投影原理，具备投影的基本知识，从而绘制出工程建设需要的各种图样。

一、投影的概念

1. 投影的现象

日常生活中，物体在灯光或者阳光照射下，会在墙面或地面上产生影子，如图 0-17 所示。

2. 影子的特点

把一本书对着电灯，在墙上看到有一个形状和书本一样的影子。晴朗的早晨，迎着太阳把一本书平行放在墙前，墙上出现的影子和书的大小差不多。因为太阳距离书本要比电灯距离书本远得多，所以阳光照到书本上的光线就比较接近平行。影子随光线照射方向的

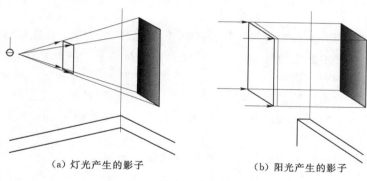

（a）灯光产生的影子　　　　　　　　（b）阳光产生的影子

图 0-17　影子的产生

不同发生变化，它只能反映出物体的外形轮廓。

　　3. 投影现象的归纳

　　人们对投影现象作出科学的总结与抽象：认识到光线、物体、影子之间的关系，归纳出工程上需要的表达物体形状、大小的投影原理和作图方法（图 0-18），即：①发出光线的光源称为投影中心；②光线称为投影线；③光线照射的方向称为投影方向；④落影的平面称为投影面；⑤构成影子的内外轮廓称为投影。

二、投影的分类

投影的分类实际属于投影法的分类。

1. 中心投影

投影中心与投影面在有限距离内所作的形体投影称为中心投影（图 0-18），在投影面上

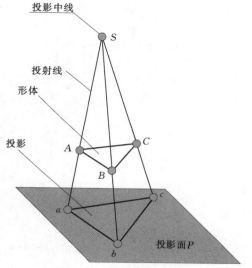

图 0-18　物体的投影原理

的三角形 abc 就是由投影中心 S 引过三角形 ABC 上各个顶点的投影线与投影面的交点连得的。

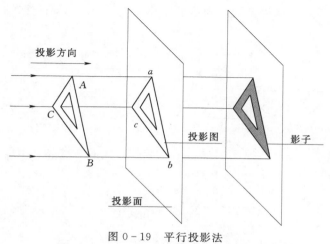

图 0-19　平行投影法

2. 平行投影

投影线彼此平行时所得到的投影称作平行投影（图 0 - 19）。光线可以看做互相平行的投影线。在投影面上的三角形 *abc* 是依据投影方向互相平行的投影线过三角形 *ABC* 上各个顶点与投影面的交点连得的。

根据投影线与投影面的夹角不同，平行投影又可分为斜投影和正投影。

（1）斜投影：投射线与投影面倾斜的平行投影，如图 0 - 20（b）所示，主要用于画工程辅助图样轴测投影图。

（2）正投影：投射线与投影面垂直的平行投影，如图 0 - 20（a）所示，是工程制图的主要图示方法。

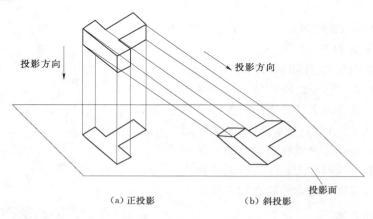

图 0 - 20　正投影与斜投影

三、三面投影的产生

在建筑工程制图中，最常用的投影是正投影。下面主要说明正投影的特性。

1. 单面投影

图 0 - 21 中的四个形体在 *P* 投影面上的投影均是相同的长方形，所以由一个投影图不能确定唯一的形体。这是因为形体是由长、宽、高三个尺寸确定的，而一个投影图只反映其中两个尺寸，所以要准确全面地表达形体和大小，一般需要两个或两个以上投影图。

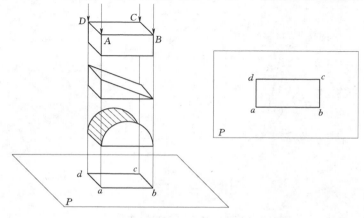

图 0 - 21　一个投影图不能唯一确定其形体

2. 两面投影

如图 0-22 所示，不同组合体其两面投影是完全相同的，知道两个投影也不能描绘出形体，为此，要确切表达物体的形状和大小，就需要建立一个三面投影。

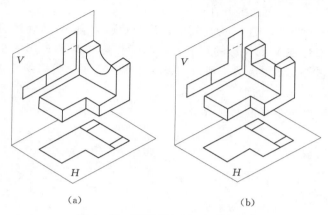

（a）　　　　　　　　（b）

图 0-22　两投影相同的不同形体

3. 三面投影

三面投影面一个是水平投影面（H 面），一个是正立投影面（V 面），再一个是侧立投影面（W 面），将这三个投影面面垂直相交，形成三投影面体系。相邻两个投影面的交线 OX、OY、OZ 也相互垂直，分别代表长、宽、高三个方向，称为投影轴，三轴的交点称为原点 O，如图 0-23 所示。

水平投影（俯视图）：将形体由上向下投影在 H 面上的图形。水平投影图反映形体的长度和宽度。

正立投影（主视图）：将形体由前向后投影在 V 面上的图形。正立投影图反映形体的长度和高度。

侧立投影（左视图）：将形体由左向右投影在 W 面上的图形。侧立投影图反映形体的宽度和高度。

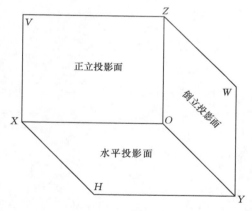

图 0-23　三面投影体系

三面投影规律：

水平投影与正面投影均体现形体的长度，即长对正。

正面投影与侧面投影均体现形体的高度，即高平齐。

水平投影与侧面投影均体现形体的宽度，即宽相等。

四、三面投影的展开

三投影面体系展开成一个平面，才能使形体的水平投影、立面投影、侧面投影都处在一个平面上。

三面投影的展开规定如下：

（1）保持 V 面固定不动。

（2）使 H 面绕 OX 轴向下向后转 $90°$。

（3）W 面绕 OZ 轴向右向后转 $90°$。

（4）H、V、W 三个投影面展开在同一平面上。

由此 OY 轴被分为两处，随 H 面旋转的标注为 OY_H，随 W 面旋转的标注为 OY_W。但实际绘图时，H 面投影在 V 面投影的正下方，W 面投影在 V 面投影的正右方，投影面的大小是随意取的，它与投影图无关，所以在投影图中不必画出投影的变化边框，也不必标注 "H、V、W" 字样。形体的前、后、左、右、上、下六个方位，在每个投影上可以反映出四个，对识图和绘图会有很大的帮助，如图 0-24 所示。

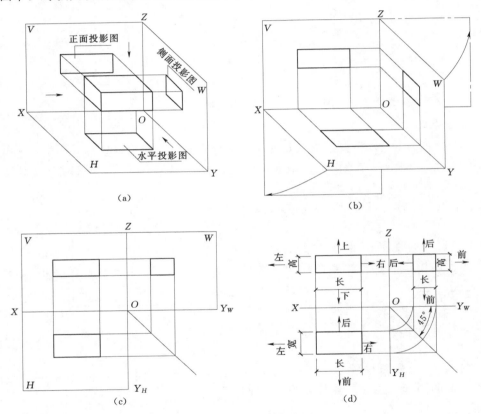

图 0-24　三面投影的展开

知识三　房屋施工图的基本知识

一、房屋的基本组成

房屋是为了满足人们各种不同的生活和工作需要而建造的。按照房屋的使用性质，通常可以分为工业建筑和民用建筑，民用建筑一般又分为居住建筑和公用建筑两种。工业建筑包括各类厂房、仓库等；居住建筑包括住宅、宿舍、公寓等；公用建筑则包括学校、医院、体育场、飞机场等。虽然各类建筑的使用要求、外形设计、空间构造、结构形式及规模大小各不相同，但是其基本构成大致相似，都有基础、墙体（柱、梁）、楼（地）面、楼梯、屋面和门窗等，此外，一般还有台阶、雨篷、阳台、雨水管、天沟、明沟或散水等其他构配件及室内外墙面装饰等。

　　为了更好地阅读房屋施工图，首先应该了解房屋各部分的组成（图 0 - 25）。

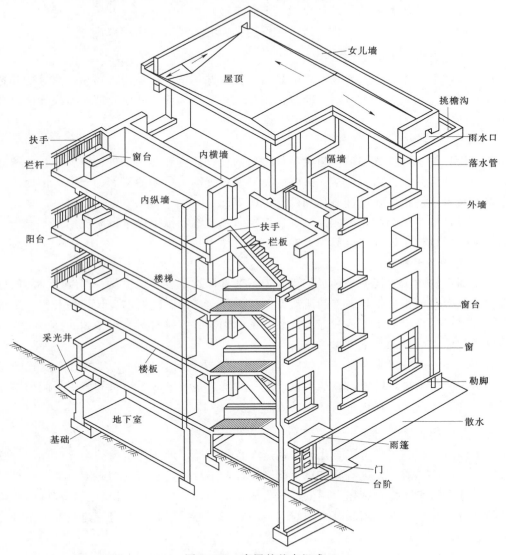

图 0 - 25　房屋的基本组成

　　房屋建筑是由若干个大小不等的室内空间组合而成的，而空间的形成又需要由各种各样的实体来组合，这些实体称为建筑物构配件。一般民用建筑由基础、墙或柱、楼地层、楼梯、屋顶、门窗等构配件组成，它们处在不同的位置，起着不同的作用。

　　（1）基础：将结构所承受的各种作用传到地基上的结构组成部分称为基础。基础是建筑物的重要组成部分，它承受建筑物上部结构传来的全部荷载，并将这些荷载连同自身重量一起传到地基。

（2）墙和柱：墙有承重、围护、分隔的作用，柱只有承重作用。

（3）楼地层：楼板沿水平方向分隔上下空间，承受并传递垂直荷载和水平荷载；地面是建筑底层室内地面，有承重、美观、保护的作用。

（4）屋顶：建筑最顶层的楼板称为屋顶，有承重、围护、保温、隔热、装饰的作用。

（5）楼梯：在建筑中起着垂直交通、消防疏散的作用。

（6）门窗：门有交通、采光、通风的作用；窗有采光、通风的作用。

二、对房屋施工图的初步认识

房屋是我们工作和生活的场所，但是大多数人并不了解如何建造房屋。房屋的建造一般需要经过设计和施工两个过程，而设计工作一般又分为两个阶段，即初步设计阶段和施工图设计阶段。

1. 初步设计阶段

初步设计的主要任务是根据建设单位提出的设计任务和要求，进行调查研究、搜集资料，提出设计方案，其内容包括：简略的总平面布置图及房屋的平面、立面、剖面图，设计方案的技术经济指标，设计概算和设计说明等。

初步设计的工程图和有关文件只是在提供研究方案和报上级审批时使用，不能作为施工的依据，所以初步设计图也称为方案图。

2. 施工图设计阶段

施工图设计的主要任务是满足工程施工各项具体技术要求，提供一切准确可靠的施工依据，其内容包括指导工程施工的所有专业施工图、详图、说明书、计算书及整个工程的施工预算书等。全套施工图将为施工安装、编制预算、安排材料、设备和非标准构配件的制作提供完整、准确的图纸依据。

对于大型的、技术复杂的工程项目也有采用三个设计阶段的，即在初步设计的基础上，增加一个技术设计阶段，以初步设计统一协调建筑、结构、设备和各工种间的主要技术问题，为施工图设计提供更为详细的资料。

三、房屋施工图的分类

一套建筑工程施工图可能有几十张甚至上百张，要了解新建房屋的设计概况，应查阅哪张图样？在施工前，要进行施工总平面图设计，了解新建建筑物的周围环境、地形状况等内容，依据哪张图样？新建房屋依据什么图样定位，如何进行定位？规划部门确定某一区域的红线，在建筑施工图的哪个图样上可以查阅？都需要我们对房屋建筑施工图纸的分类和组成进行了解。

在设计房屋的时候一般要进行三个方面的设计，即建筑设计、结构设计和设备设计，相应所产生的设计图样分别称为建筑施工图（简称建施）、结构施工图（简称结施）和设备施工图（简称设施）。

1. 建筑施工图

建筑施工图是为了满足建设单位的使用功能而设计的工程图样，主要表达建筑物的总体布局、外部造型、内部布置和细部构造等内容，主要的图样包括首页、建筑总平面图、建筑平面图、建筑立面图、建筑剖面图和建筑详图等。

2. 结构施工图

结构施工图是为了保障建筑物的使用安全而设计的施工图样，主要表达建筑物各承重构件（如基础、承重墙、柱、梁、板、屋架等）的布置、形状、大小、材料、配筋和构造等内容，主要的图样有基础图、结构布置图和结构详图等。

3. 设备施工图

设备施工图是为了满足房屋设备的布置和安装而设计的施工图样，主要表达给排水、电气、采暖通风等各种设备的布置及安装构造等内容，主要有各管道、管线和设备的平面布置图、系统原理图和安装详图等。

各专业施工图之间，既体现各自专业的特点，又要相互配合，在建筑工程设计中，建筑是主导专业，而结构和设备是配合专业，因此在施工图的设计中，结构施工图和设备施工图必须与建筑施工图协调一致，做到整套图样完整统一。

知识四 现代软件制图

本书主要内容是识图和运用软件来制图，即运用 AutoCAD 2007 进行绘图所需的基本知识。这些内容是初学者的基础。

AutoCAD 是由美国 Autodesk 公司开发的通用计算机辅助设计（Computer Aided Design，CAD）软件，具有易于掌握、使用方便、体系结构开放等优点，能够绘制二维图形、标注尺寸、渲染图形以及打印输出图样，目前已广泛用于土木工程、建筑、机械、电子、航天、造船、石油化工、轻工等领域。本书主要根据 AutoCAD 2007 进行讲解。

安装好 AutoCAD 2007 后，启动 AutoCAD 2007，进入图 0 - 26 所示的主工作界面。

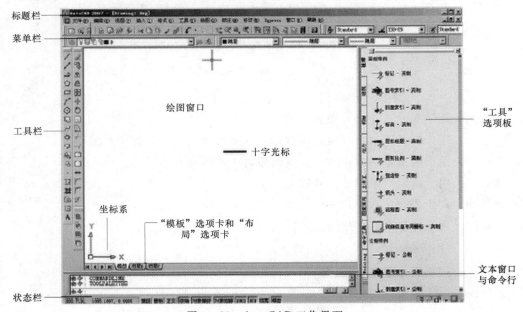

图 0 - 26 AutoCAD 工作界面

中文版 AutoCAD 2007 为用户提供了"AutoCAD 经典"和"三维建模"两种工作空间模式。对于习惯于 AutoCAD 传统界面的用户来说，可以采用"AutoCAD 经典"工作空间，主要由标题栏、菜单栏、工具栏、绘图窗口、文本窗口与命令行、状态栏等元素组成。

　　AutoCAD 自 1982 年问世以来，已经经历了十余次升级，其每一次升级在功能上都得到了逐步增强，且日趋完善。也正因为 AutoCAD 具有强大的辅助绘图功能，通过软件，我们就可以在其上画出图纸，这也避免了手工绘制的很多烦恼，因此，它已成为工程设计领域中应用最为广泛的计算机辅助绘图与设计软件之一。如图 0-27 和图 0-28 所示的是 AutoCAD 绘图与修改工具栏。

图 0-27　"绘图"工具栏

绘图工具中几个常用的命令如下：

直线：用于绘制直线段。

多段线：用于绘制直线段或圆弧连接而成的整体对象，可设置不同线宽。

矩形：用于绘制矩形线框。

弧线：用于绘制弧线。

圆：用于绘制圆。

图案填充：用于对图形中的图案进行填充。

文字：用于图形中文字的书写。

图 0-28　"修改"工具栏

修改工具中几个常用的命令如下：

删除：用于删除选中的对象。

复制：用于将指定对象在给定位置做一次或多次复制，并保留原图形。

镜像：用于绕指定轴翻转对象绘制出相对于该轴的对称图形。

偏移：用于指定对象的平行复制。

移动：用于将指定对象从一个位置移动到另一给定位置。

旋转：用于将指定对象按给定角度旋转。

修剪：用于修剪指定对象不需要的部分。

延伸：用于将指定对象延伸到某一边界上。

分解：用于将整体对象分解为独立对象。

　　本书各项目下的子项目会以不同任务的形式讲解 AutoCAD 详细用法。

项目一　某学校学生公寓建筑施工图的识读与绘制

子项目一　某学校学生公寓建筑平面图的识读与绘制

任务导言

为了表达房屋建筑的平面形状、大小和布置，可以用一个假想平面在略高于窗台的位置作水平剖切，将上面部分拿走，剩留部分的全部正投影称为建筑平面图，平面图中有首层平面图、二层平面图、三层平面图等，如图1-1所示。如首层平面图要表示的内容有：墙厚，门的开启方向，窗的具体位置，室内外台阶、花池和散水位置等。阳台、雨篷等则应表示在二层及以上的平面图上。本子项目中的各个任务就是讲解平面图由哪些部分组成及怎样通过软件绘制平面图。本子项目所用建筑施工图来源于《建筑工程图集》中某学校学生公寓建筑施工图。

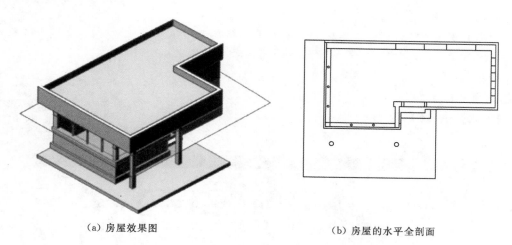

（a）房屋效果图　　　　　　　　　　（b）房屋的水平全剖面

图1-1　平面图的形成

任务目标

能　力　要　求	知　识　要　点	权重
能绘制施工图中常见符号	轴网的组成及绘制	15%
能识读和绘制底层墙体图形	墙体的作用、墙体的类型、墙体构造、墙体的绘制	25%
能识读和绘制屋顶图形	屋顶的作用、屋顶的类型、屋顶构造、屋顶的绘制	20%
能识读和绘制门窗图形	门窗的作用、门窗的类型、门窗构造、门窗的绘制	20%
能识读和绘制楼梯图形	楼梯平面图的内容、知识要点和绘图步骤	20%

任务一 施工图中常见符号的绘制

一、施工图中常见的符号

施工图中常见符号表示方法见《建筑工程图集》。

二、施工图中常见符号的绘制

（一）绘制轴线网及标注编号

建筑平面设计绘制一般从定位轴线的绘制开始，确定了定位轴线就确定了整个建筑物的承重体系和非承重体系，确定了建筑物房间的开间深度以及楼板柱网等细部的布置。所以，绘制轴线是使用 AutoCAD 进行建筑平面图绘制的基础。从本子项目中某学校学生公寓建筑平面图（见《建筑工程图集》）中可知，纵向定位轴线①～⑫，其轴线间距见图示尺寸；横向定位轴线Ⓐ～Ⓕ，其轴线间距见图示尺寸。

利用 AutoCAD 绘制图形时，一般要根据所绘图形的实际尺寸来绘制，因此，需设置足够的绘图区域，即进行图形界限的设置。

1. 设置图形界限

【格式】→【图形界限】

命令提示行：

指定左下角点＜0.0000，0.0000＞：回车（默认缺省值）

指定右上角点＜420，297＞：（输入绘图区域右上角坐标）回车

输入 Z，回车，再输入 A，回车

2. 图层设置

【格式】→【图层】

弹出"图层特性管理器"对话框，如图 1-2 所示。

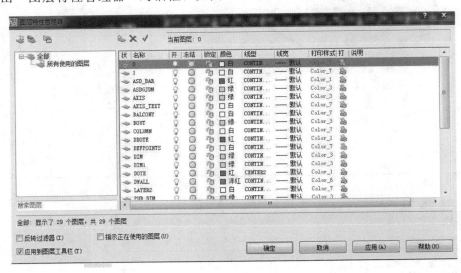

图 1-2 "图层特性管理器"对话框

单击新建图层图标 。

单击"图层名称",将名称改为定位轴线 定位轴线 。

单击"颜色"弹出"选择颜色"对话框,将颜色改为红色(图1-3)。

图1-3　"选择颜色"对话框

修改线型:单击线型 Contin... ,弹出"选择线型"对话框(图1-4)

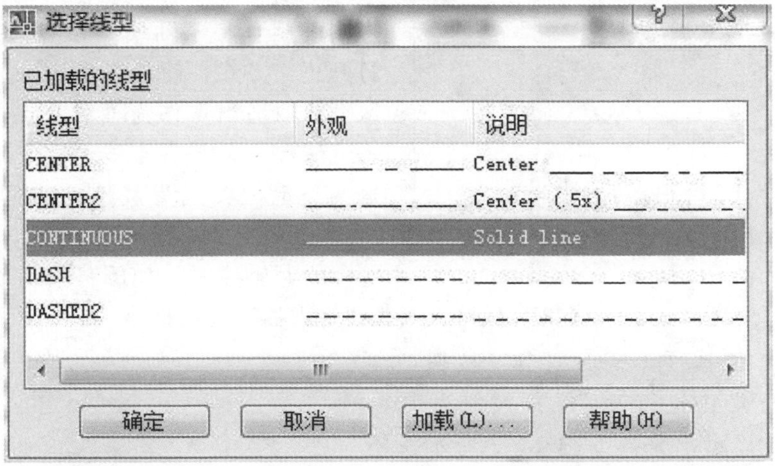

图1-4　"选择线型"对话框

点击"加载",弹出"加载或重载线型"对话框(图1-5)。

选择" CENTER Center ___ _ ___ _ ___ _ ___ _ ___",点击确定。

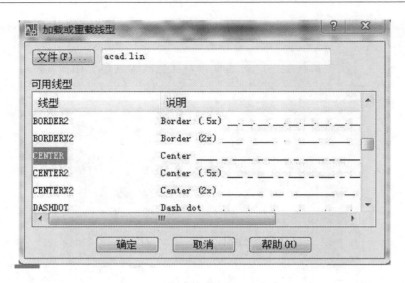

图1-5　"加载或重载线型"对话框

图1-6　"线宽"对话框

修改线宽：单击 ———默认，弹出"线宽"对话框（图1-6）。

选择小于0.3的线宽，点击确定。

最后点击应用，再确定，完成定位轴线的图层设置。

3. 轴线绘制

在"图层特性管理器"对话框图中"定位轴线"图层，点击 ✔ 选定其为当前图层，点击确定。将"轴线"层置为当前图层后，打开正交方式，使用直线Line命令，在绘图区域点取适当点作为轴线基点，绘制一条水平直线和一条竖直直线，整个轴线网就是以这两条定位轴线为基础生成的，如图1-7所示。

绘制轴线时，如屏幕上出现的线型为实线，则可以单击【格式】→【线型】弹出"线型管理器"对话框。

单击对话框中的"显示细节"按钮，在"全局比例因子"中进行设置，如设置为100，即可将点画线显示出来，如图1-8所示。还可以用线型比例命令LTScale进行调整。在"全局比例因子"中设置的值越大；线的间隙越大；可根据需要选用设定值。

接着绘制定位轴线，操作步骤为：

图1-7　定位轴线

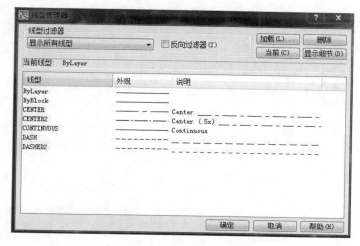

图 1-8　"线型管理器"对话框

（1）单击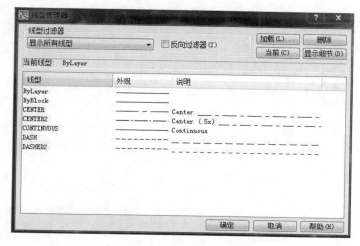

（2）选择对象：指定对角点：找到 1 个

（3）选择对象：（点击已绘制出的竖向直线即①轴）

当前设置：复制模式＝单个

指定基点或［位移（D）/模式（O）/多个（M）］＜位移＞：指定第二点或＜使用第一个点作为位移＞：2100（输入①～②轴的距离）

（4）回车得到②轴线。

同理，继续使用复制命令，按图示尺寸向右依次输入 1500、1500、2100、3600 等尺寸，分别得到轴线③～⑫；将轴线Ⓐ向上连续复制 4940、1500、2400、1500、4940，分别得到Ⓑ、Ⓒ、Ⓓ、Ⓔ轴；从而将轴网绘制完成，如图 1-9 所示。

某些轴线过长或过短，通过"延伸"命令进行拉长或缩短。轴线全部贯穿图形，会影响绘制图形的视线，可用修剪命令适当处理中间部分的轴线。

4. 标注轴线编号

标注轴线标号有两种方式：一种先绘制一个轴线编号图，其余各个轴线编号图可用复制命令，再编辑文字内容的方法完成；另一种是先创建轴线编号图块，用插入图块的方法完成其他轴线编号的绘制。

在此项中，以创建图块方式完成轴线编号的标注。利用图块与属性功能绘图，不但可以提高绘图效率，节约图形文件占有磁盘空间，还可以使绘制的工程图规范、统一。具体操作如下：

（1）创建轴线编号图块，如图 1-10 所示。

（2）使用圆命令，在绘图区域画一个直径为 800 的圆。

（3）定义图块属性，如图 1-10 所示。选择"绘图 | 块 | 定义属性"命令，弹出"属性定义"对话框，再按"属性定义"对话框的有关项进行设置。

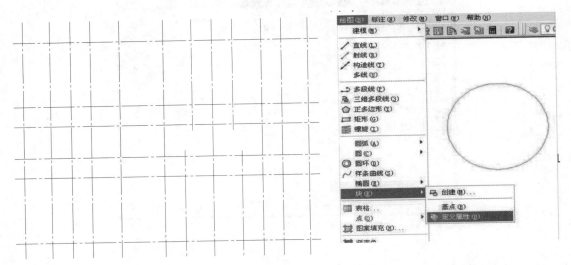

图1-9 轴网线　　　　　　　图1-10 创建轴线编号图块

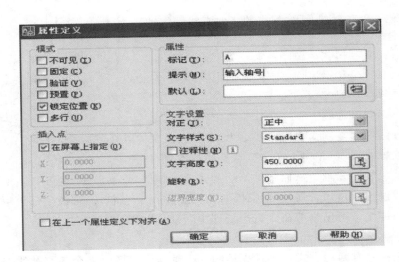

图1-11 定义图块属性

（4）块定义。选择"创建块"命令，弹出"块定义"对话框（图1-12）。在名称中输入"轴线符号1"，单击"选择对象"，选择上述"轴线编号"图形。单击"拾取点"按钮，选择捕捉圆的正上方的象限点，此时对话框呈现为图1-13所示的画面。单击"确定"按钮后，就定义了名称为"轴线编号1"的图块。

（5）插入轴线编号图块。单击工具栏上的"插入块"按钮 ，或在命令行中键入"INSERT（I）"，启动插入块命令，选择块名为"轴线编号1"，然后确定；当出现"输入轴号"时，依次输入各轴线编号，完成轴线图块插入，如图1-14所示。

22

5. 尺寸标注

（1）标注样式设置。单击【格式】→【标注样式】，弹出标注样式管理器，如图1－15所示。

单击"新建"，修改新建名称，弹出"新建标注样式"对话框，如图1－16所示。

依次点击对话框顶部的"直线""符号和箭头"等菜单栏，对各项菜单栏内容进行设置。最后点击"确定"，完成标注样式设置。

（2）尺寸标注。单击【标注】→【线性】，单击①轴线下端点→拖动鼠标，单击②轴线下端点，标注出①～②轴的距离。

单击【标注】→【连续】，单击③轴线下端点→依次单击④、⑤、⑥轴线下端点，标注出各轴线之间的距离。

同理可标注出Ⓐ～Ⓕ各轴之间的距离。

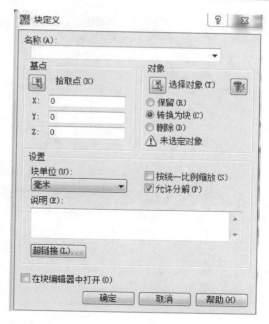

图1－12　创建块

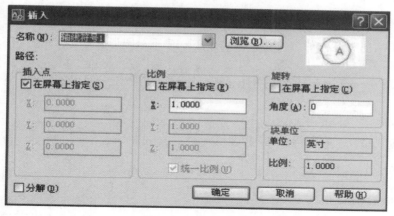

图1－13　图块属性

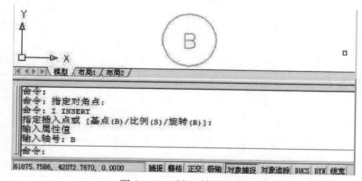

图1－14　插入轴线编号

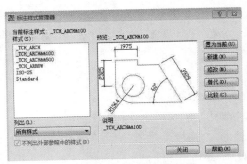

图 1-15　标注样式管理器

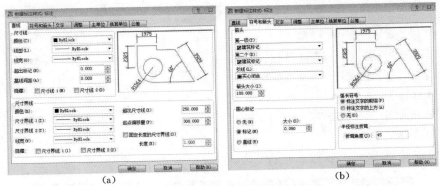

　　　　　（a）　　　　　　　　　　　　　　　（b）

图 1-16　新建标注样式

最后标出横向和纵向的总尺寸，得到图 1-17 所示图形。

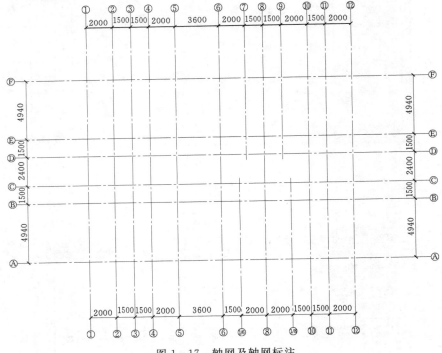

图 1-17　轴网及轴网标注

（二）绘制索引符号

以本项目图册首层平面图中索引符号为例讲解，操作步骤如下。

1. 画圆

【绘图】→【圆】→指定圆心→输入半径 500。

2. 画水平直径

【绘图】→【直线】→单击已捕捉到的圆

心作为起点→打开"正交" 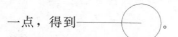 →指定下

一点，得到 ━━━━━━○ 。

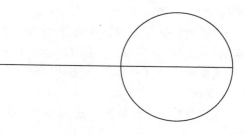

单击【格式】→【延伸】→单击圆，回车→单击水平线右侧，回车，如图 1-18 所示。

图 1-18　画水平直径

3. 文字书写

【格式】→【文字样式】→新建→样式名→字体名（仿宋）→宽度比例 0.7→应用→关闭，如图 1-19 所示。

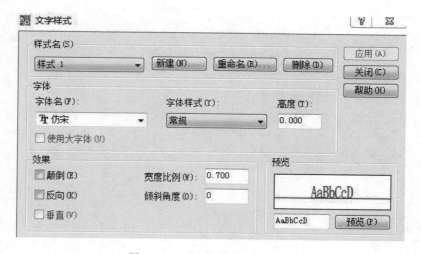

图 1-19　"文字样式"对话框

【绘图】→【文字】→单击文字所在位置→输入字高 250，回车→输入旋转角度 0，回车→输入文字，回车。绘制出如图 1-20 所示的索引符号。

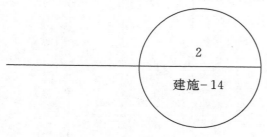

图 1-20　索引符号

（三）绘制标高符号

以本项目图册首层平面图中标高符号为例讲解操作步骤。

1. 画等腰直角三角形

【绘图】→【直线】→指定起点→打开"正交"，指定下一点，绘制出一条水平线，

如图 1-21 (a) 所示。

　　【修改】→【偏移】→输入偏移距离 300，回车→点选偏移对象水平线→移动鼠标，在水平线任意一侧单击，回车，如图 1-21 (b) 所示。

　　【修改】→【旋转】→旋转下面的水平线，回车→以水平线左端点作为基点→输入旋转角度 45°，如图 1-21 (c) 所示。

　　【修改】→【镜像】→选择 45°线，回车→指定 45°线左下侧端点为镜像线起点→向上绘制一铅垂线，回车，如图 1-21 (d) 所示。

　　【修改】→【延伸】→选择左侧 45°线，回车→点击水平线左端，回车，如图 1-21 (e) 所示。

　　【修改】→【修剪】→选择水平线，回车→点击需要修剪的 45°线，如图 1-21 (f) 所示。

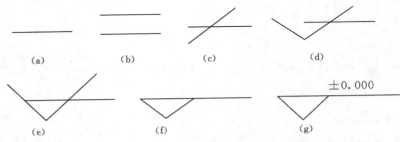

图 1-21　标高符号的绘制

2. 文字书写

操作过程同"（二）绘制索引符号"中"3. 文字书写"。

注：图中±0.000 中的"±"在文字输入时应输入"％％p"，如图 1-21 (g) 所示。

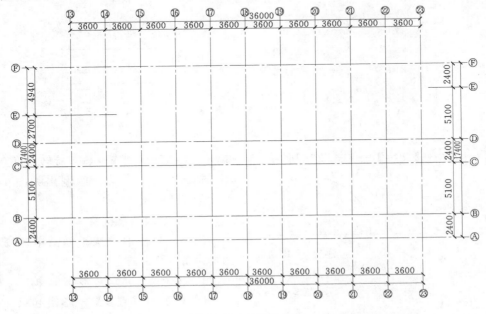

图 1-22　轴网示意图

任务训练

利用 AutoCAD 绘制图 1-22 所示轴网。

知识拓展

（1）了解更多施工图中的常用符号。
（2）使用其他方法绘制施工图中常用符号。
（3）了解 AutoCAD 界面绘图、修改工具栏中各命令的操作。
（4）掌握 AutoCAD 中平移与缩放的操作。

考核评价

根据学生完成任务的情况衡量学生的掌握程度。

任务二　底层墙体识读与绘制

墙和柱是建筑物中不可缺少的重要组成部分，起到承重和围护的作用。墙的质量约占建筑物总质量的 40%～65%，墙的造价约占建筑物总造价的 30%～40%，因此，在工程设计中，合理选择墙体材料、结构方案及构造做法十分重要。

任务讲解

一、墙体构造
（一）墙体的作用
墙体是建筑物竖直方向的重要构件，起分隔、围护和承重等作用，还有隔热、保温、隔声等功能。
（二）墙体的类型
墙体的分类方法很多，可按其位置、布置方向、承重情况、墙体材料、构造形式和施工方法等进行分类。

1. 按位置和方向划分

墙体按位置不同分为外墙和内墙，位于建筑物四周的墙称为外墙，主要起围护作用；位于建筑物内部的墙成为内墙，主要起分隔作用。墙体按布置方向又可以分为纵墙和横墙，沿建筑物长轴方向布置的墙称为纵墙，沿建筑物短轴方向布置的墙称为横墙，外横墙也称为山墙。另外，窗与窗、窗与门之间的墙称为窗间墙，窗台下部的墙称为窗下墙，高出屋顶的墙称为女儿墙，如图 1-23、图 1-24 所示。

2. 按承重情况划分

墙体按承重情况分承重墙与非承重墙两种：承重墙直接承受上部结构传来的荷载；非承重墙不承受外来荷载，包括隔墙、填充墙、幕墙等。

3. 按墙体材料划分

墙体按材料分为土墙、石墙、砖墙、砌块墙、混凝土墙、轻质材料墙等，如图 1-25 所示。

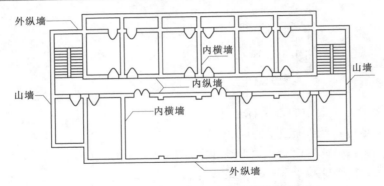

图 1-23　不同位置和方向的墙体名称

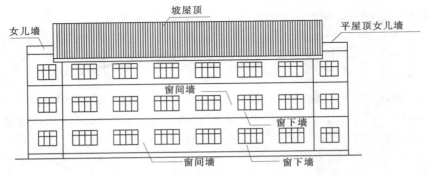

图 1-24　不同位置的墙体名称

图 1-25　不同材料的墙体

4．按构造方式划分

墙体按构造方式分为实体墙、空体墙和组合墙。实体墙是由单一材料组成，如砖墙、砌块墙等；空体墙是由单一材料砌成内部有空腔的墙体，如空斗墙、空心砌块墙等；组合墙是由两种以上材料组合而成，如混凝土、加气混凝土复合板材墙等。

5．按施工方法划分

墙体按施工方法分为块材墙、板筑墙、装配式板材墙三种。块材墙是指用砂浆等胶结材料将砖、石、砌块等块材组砌而成，如砖墙、石墙及各种砌块墙等；板筑墙是现场立模板、现场浇筑而成的墙体，如现浇混凝土墙等；板材墙是预先制成墙板，施工时安装而成的墙，如预制混凝土大板墙、各种轻质条板内隔墙等。

二、砖墙构造

（一）砖墙的尺寸及材料

砖墙由砖和砂浆砌合而成。砖分为普通砖、多孔砖和空心砖三大类，其尺寸规格见表 1-1。

表 1-1　　　　　　　　　　　砖 的 尺 寸 规 格

名称	规格 /（mm×mm×mm）	标号	容重 /（kg/m³）	主要产地	简图
普通砖	240×115×53	75～200	1600～1800	全国各地	
多孔砖	190×190×90 240×115×90 240×180×115	75～200	1200～1300	全国各地	
空心砖	300×300×100 300×300×150 400×300×80	75～150	1100～1450	全国各地	

砌墙用砂浆常用的有水泥砂浆、水泥石灰砂浆（混合砂浆）、石灰砂浆、黏土砂浆。水泥砂浆主要用于砌筑基础；砌墙一般用混合砂浆；石灰砂浆和黏土砂浆因强度低，多用于砌筑非承重墙或荷载不大的承重墙。

（二）墙体尺度和洞口尺寸

实心砖墙常见厚度如图 1-26 所示。

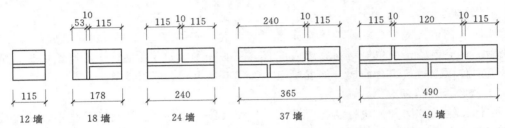

图 1 - 26　常见墙体的厚度

洞口尺寸要符合模数，多层砌体房屋中砌体墙段的局部尺寸限值应该符合 GB 50011—2010《建筑抗震设计规范》的要求，见表 1 - 2。

表 1 - 2　　　　　　　　　　　　房屋的局部尺寸限值　　　　　　　　　　　　单位：m

部　位	抗　震　烈　度			
	6 度	7 度	8 度	9 度
承重窗间墙最小宽度	1.0	1.0	1.2	1.5
承重外墙尽端至门窗洞口边的最小距离	1.0	1.0	1.2	1.5
非承重外墙尽端至门窗洞口边的最小距离	1.0	1.0	1.0	1.0
内墙阳角至门窗洞边的最小距离	1.0	1.0	1.5	2.0
无锚固女儿墙的最大高度	0.5	0.5	0.5	0.0

（三）防潮层

吸水性大的墙体，为防止墙基毛细水上升而导致建筑物墙身受潮，提高建筑物的耐久性，保持室内干燥卫生，应在墙中连续设置防潮层。防潮层设置位置如图 1 - 27 所示。

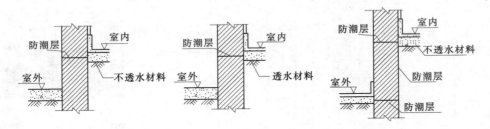

图 1 - 27　防潮层设置位置

防潮层的做法如下：

（1）防水砂浆防潮层：1：2 水泥砂浆，内掺水泥重量 3％～5％的防水剂。

（2）细石混凝土防潮层：采用 60mm 厚的细石混凝土带，内配三根 $\phi6$ 钢筋，其防潮性能好。

（3）以地圈梁代替防潮层。

（4）当墙基为钢筋混凝土、混凝土、石砌体时，可以不设防潮层。

（四）勒脚

勒脚是外墙墙身接近室外地面的部分，可以防止雨水上溅墙身和机械力等的影响，同时能够美化建筑外观。勒脚应坚固、耐久、防潮、防水，其高度一般不低于500mm，常用高度为600～900mm，如图1-28所示。

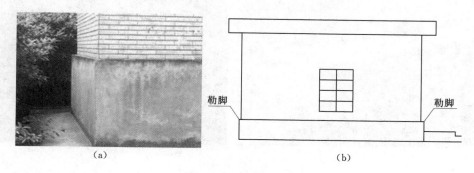

$$(a) \qquad\qquad (b)$$

图1-28 勒脚

勒脚工艺做法如下（图1-29）：

抹灰：可采用20厚1:3水泥砂浆抹面，或用1:2水泥白石子浆水刷石或斩假石抹面，多用于一般建筑。

贴面：采用天然石材或人工石材，如花岗石、水磨石板等，其耐久性、装饰效果好，用于高标准建筑。

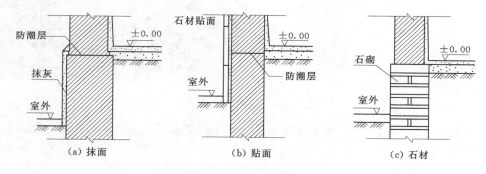

$$(a) 抹面 \qquad (b) 贴面 \qquad (c) 石材$$

图1-29 勒脚工艺做法

（五）散水和明沟

散水是靠近勒脚下部的水平排水坡。散水宽度一般为600～1000mm，并比屋檐挑出宽度大150～200mm，坡度为3%～5%。散水的通常做法是在基层土壤上现浇混凝土或用砖、石铺砌，水泥砂浆抹面。散水与外墙交接处应设分格缝。

排水沟是外墙四周散水外缘设置的排水设施，有明沟和暗沟之分。排水沟通常采用素混凝土、砖砌筑，沟宽一般不小于180mm，沟深不小于150mm，沟底应做纵坡，坡度为0.5%，如图1-30所示。

（六）门窗过梁

过梁是为支承门窗洞口上部墙体荷载，并将其传给洞口两侧的墙体所设置的横梁，如图1-31所示。

（七）圈梁和构造柱

圈梁是指沿外墙四周及部分内墙设置在楼板处的连续闭合的梁。

(a)   (b)

图 1－30　散水和明沟

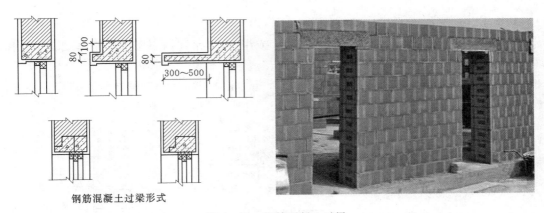

钢筋混凝土过梁形式

图 1－31　钢筋混凝土过梁

　　圈梁和构造柱共同协作，增强砌体的延性和变形能力，提高砌体的抗侧向能力和整体性，如图 1－32 所示。

图 1－32　圈梁和构造柱

三、绘制墙

　　在建筑平面图中，一般用中粗双实线表示墙体，双实线之间的距离即为墙体厚度。

（一）设置墙体图层

单击工具栏 ，弹出"图层特性管理器"。单击"新建图层"，修改图层名称为墙线，修改颜色为黑色（或白色），修改线型为实线，线宽为 0.3。

（二）绘制墙体

AutoCAD 软件中绘制墙体主要采用多线命令。

1. 设置多线

【格式】→【多线样式】，将弹出【多线样式】对话框，进行参数设置，如图 1-33 所示。

单击"新建"，设置新样式名为墙线，点击"继续"。

设置偏移值：在图元中单击"0.5"成蓝条→在"偏移"中输入 120（根据图纸中墙体厚度的说明）→在图元中单击"−0.5"成蓝条→在"偏移"中输入−120→确定。

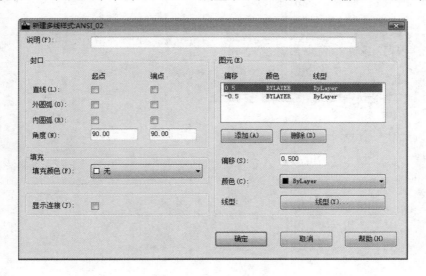

图 1-33 "新建多线样式"对话框

2. 绘制墙线

将墙线图层定为当前图层 ，【绘图】→【多线】
→输入 st，回车→输入"墙线"，回车→输入 s，回车→输入 1，回车→输入 j，回车→输入 z，回车→移动光标到①轴线与Ⓐ轴线相交的点上，单击→拖动鼠标绘制到墙的终点，单击，完成墙体绘制，如图 1-34 所示。

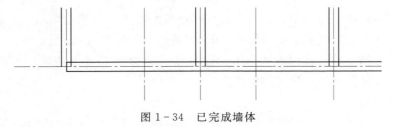

图 1-34 已完成墙体

3. 编辑墙线

用多线命令绘制完成的墙体转角处和内外墙交接处不符合建筑平面图中的要求（图1-35），因此，需要将这些部位的墙线进行修改。

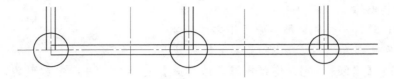

图1-35　需修改位置

点击菜单栏中的【修改】→【对象】→【多线】…，弹出多线编辑工具对话框。根据墙体相交特征（角点相交、T形相交、十字相交）选择编辑工具，分别单击相交的墙体，即可完成墙体编辑，如图1-36所示。

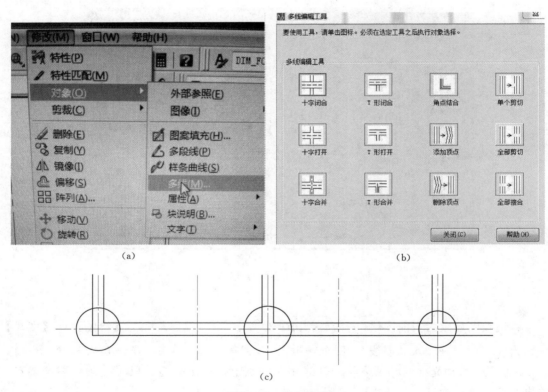

图1-36　修改墙体

将本任务中底层平面图中的墙体绘制并编辑后如图1-37所示。

本图中墙体有两种墙厚，即240mm和120mm，图中①、③、⑤、⑥、⑧、⑩、⑫、Ⓐ、Ⓒ、Ⓓ、Ⓕ轴上的墙体厚度为240mm；②、④、Ⓑ、Ⓔ轴上的墙体厚度为120mm。应设置不同多线样式来完成相应的墙体。

（三）绘制阳台

由《建筑工程图集》项目-建施-03图可知，每个阳台长为3600mm，宽为900mm，

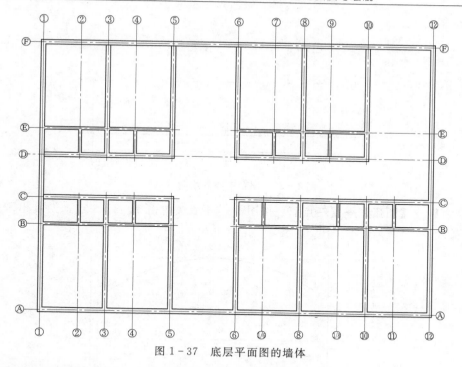

图 1-37　底层平面图的墙体

弧度宽为 600mm。以①～③轴交Ｆ轴上的阳台为例讲解绘制方法。

（1）将Ｆ轴分别向外偏移 900mm 和 600mm。

【修改】→【偏移】→输入 900，回车→单击Ｆ轴→移动鼠标向外任意位置单击。得到Ｆ与轴相距 900mm 的直线。

重复【修改】→【偏移】→输入 600，回车→单击刚才偏移的直线→移动鼠标向外任意位置单击。得到与Ｆ轴相距 1500mm 的直线。

（2）将①轴和③轴墙体延伸至与Ｆ轴相距 900mm 的直线相交。

【修改】→【延伸】→单击延伸终点直线（与Ｆ轴相距 900mm 的直线）→分别单击①轴和③轴，得到图 1-38。

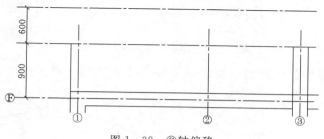

图 1-38　Ｆ轴偏移

（3）画出阳台长度方向的中线。

【修改】→【偏移】→输入 1800，回车→单击①轴→移动鼠标向右任意位置单击，得到阳台中线。

【修改】→【延伸】→单击延伸终点直线（与Ｆ轴相距 1500mm 的直线）→单击阳台

中线，得到图1-39。

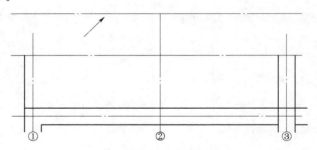

图1-39　阳台中线的绘制（一）

【绘图】→【圆弧】→【三点】→按图1-40依次单击1、2、3点，绘制出阳台栏板的一条弧线。

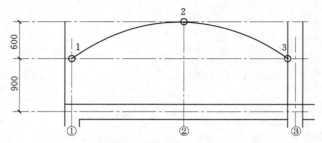

图1-40　阳台中线的绘制（二）

【修改】→【偏移】→输入120，回车→单击弧线→移动鼠标向外任意位置单击，得到阳台栏板的另一条弧线，如图1-41所示。

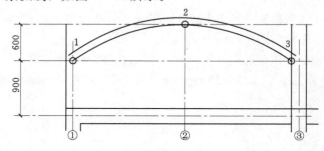

图1-41　阳台中线的绘制（三）

【修改】→【延伸】→分别单击①轴墙外边线和③轴→单击外侧弧线，如图1-42所示。

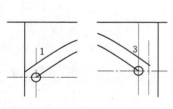

图1-42　阳台中线的绘制（四）

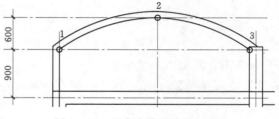

图1-43　阳台中线的绘制（五）

利用【延伸】、【剪切】等命令完善图形，如图 1-43 所示。
同理绘制其他阳台。

四、案例解析

下面以图 1-44 为例讲解墙体具体绘制过程。

（1）外墙 370mm，轴线居中；内墙 240mm。

（2）开门窗洞口。

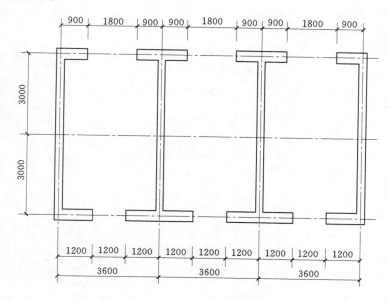

图 1-44 墙体的绘制

操作过程：偏移轴线→修改墙体属性→修剪墙角及交叉处→开门窗洞口。

Command：OFFSET，回车

（1）指定偏移距离或［通过（T）/删除（E）/图层（L）］＜通过＞：250。

（2）选择偏移物体：选择轴线。

（3）偏移方向：左键拾取一点。

（4）可以再次选择源对象进行偏移，重复上述操作。

Command：OFFSET，回车

（1）指定偏移距离或［通过（T）/删除（E）/图层（L）］＜通过＞：120。

（2）选择偏移物体：选择轴线。

（3）偏移方向：左键拾取一点。

（4）可以再次选择源对象进行偏移，重复上述操作。

Command：_properties 修改属性

（1）选择所有轴线及偏移的墙体线，改变所在图层为墙体层。

（2）选择所有轴线，改变所在图层为轴线层。

Command：TRIM，回车

当前设置：投影＝UCS，边＝无

选择剪切边

选择对象：选择墙体线（此处可多次选择；选择完毕后回车）

选择要修剪的对象，或按住 Shift 键选择要延伸的对象，或［栏选（F）/窗交（C）/投影（P）/边（E）/删除（R）/放弃（U）］:选择要修剪的线段。（可选多次,选择完毕后回车）

Command：OFFSET，回车，开窗洞

（1）指定偏移距离或［通过（T）/删除（E）/图层（L）］＜通过＞：900。

（2）选择偏移物体：选择轴线。

（3）偏移方向：左键拾取一点。

（4）可以再次选择源对象进行偏移，重复上述操作。

Command：OFFSET，回车，开门洞

（1）指定偏移距离或［通过（T）/删除（E）/图层（L）］＜通过＞：1200。

（2）选择偏移物体：选择轴线。

（3）偏移方向：左键拾取一点。

（4）可以再次选择源对象进行偏移，重复上述操作。

Command：TRIM，回车

当前设置：投影＝UCS，边＝无

选择剪切边

选择对象：选择偏移的门窗洞口线及外墙线（此处可多次选择；选择完毕后回车）选择要修剪的对象，或按住 Shift 键选择要延伸的对象，或［栏选（F）/窗交（C）/投影（P）/边（E）/删除（R）/放弃（U）］：选择外墙线及偏移的洞口线。（可选多次，选择完毕后回车）

Command：_ properties 修改属性

选择偏移的洞口线，改变所在图层为墙体层。

任务训练

绘制《建筑工程图集》中某学校学生公寓建筑施工图其他楼层平面图中的墙体。

知识拓展

（1）用其他方法绘制《建筑工程图集》中项目一底层平面图中的墙体。

（2）了解 AutoCAD 中坐标输入方式。

考核评价

根据学生完成任务的情况衡量学生的掌握程度。

任务三　底层门窗识读与绘制

门和窗是建筑物的重要组成部分，也是主要围护构件之一。窗的主要作用是采光、通风、接收日照和供人眺望；门的主要作用是交通联系、紧急疏散，并兼有采光、通风的作用。

任务讲解

一、门

（一）门的分类

（1）门按开启方式可分为平开门、弹簧门、推拉门、折叠门、卷帘门、转门等（图1-45）。

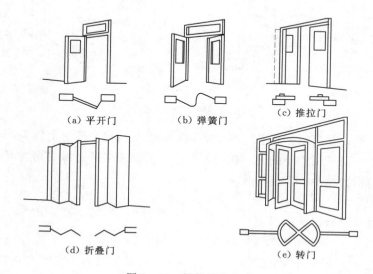

图1-45　门的开启方式

1）平开门。平开门是水平开启的门，它的铰链装于门扇的一侧与门框相连，使门扇围绕铰链轴转动。门扇有单扇、双扇和内开、外开之分。

2）弹簧门。弹簧门的开启方式与普通平开门相同，所不同的是弹簧铰链代替了普通铰链，借助弹簧的力量使门扇能向内、向外开启并经常保持关闭。

3）推拉门。推拉门是门扇通过上下轨道，左右推拉滑行进行开关，有单扇和双扇之分。

4）折叠门。折叠门可分为侧挂式和推拉式两种。由多扇门构成，每扇门宽度为500～1000mm，一般以600mm为宜，适用于宽度较大的洞口。

5）转门。由两个固定的弧形门套和垂直旋转的门扇构成。门扇可分为三扇或四扇，绕竖轴旋转。

6）卷帘门。多用于商店橱窗或商店出入口外侧的封闭门。

（2）门按主要制作材料可分为木门、钢门、铝合金门、塑料门等。

（3）门按形式和制造工艺可分为镶板门、纱门、实拼门、夹板门等。

（4）门按特殊需要可分为防火门、隔声门、保温门、防盗门等。

（二）门的组成与尺度

1. 门的组成（以平开木门为例）

门一般由门框、门扇、亮子、五金零件及附件组成（图1-46）。

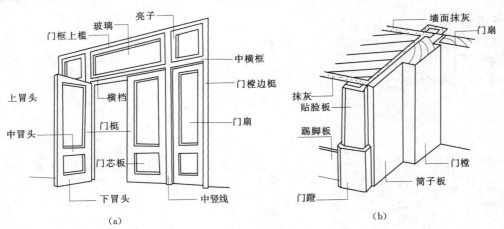

图 1-46　门的组成

门框又称门樘，是门扇、亮子与墙体的联系构件。门扇一般由上冒头、中冒头、下冒头和边梃等组成。亮子又称腰头窗，在门上方，为辅助采光和通风之用。五金零件一般有铰链、插销、门锁、拉手、门碰头等。

2. 门的尺度

门的尺度通常是指门洞的高宽尺寸。

（1）门的高度。一般民用建筑门的高度不宜小于 2100mm。

（2）门的宽度。单扇门的宽度为 700～1000mm，双扇门为 1200～1800mm。

3. 木门构造（以平开木门为例）

（1）门框。门框的断面形式与门的类型、层数有关，同时应利于门的安装，并具有一定的密闭性（表 1-3）。

表 1-3　　　　　　　　　门框的断面形式与尺寸

门框位置	单裁口（镶板夹板玻璃门）	双裁口（外玻内纱门）	双裁口（弹簧门）
边框	门扇厚加1～2　10　90～105　（42～55）	120～132　（52～55）	90～125　（52～56）
中横框	内门用　95～105　（42～65）	120～152　（52～60）	90～125　（52～65）
中竖框		120～132　（60～62）	90～125　（52～90）

为便于门扇密闭，门框上要做裁口（或铲口）。根据门扇数与开启方式的不同，裁口的形式可分为单裁口与双裁口两种。

　　（2）门扇。常用的木门门扇有镶板门（包括玻璃门、纱门）和夹板门。

　　1）镶板门。镶板门（图1-47）是应用最广的一种门，门扇由骨架和门心板组成。骨架一般由上冒头、中冒头、下冒头及边梃组成，在骨架内镶门心板，门心板常用10～15mm厚的木板、胶合板、硬质纤维板及塑料板制作（图1-48、图1-49）。

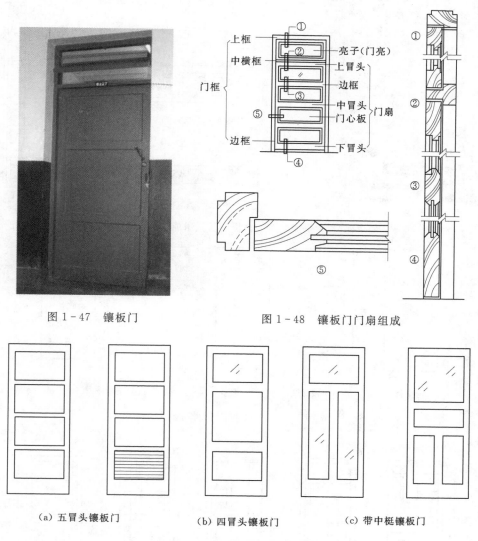

图1-47　镶板门　　　　　　　　图1-48　镶板门门扇组成

（a）五冒头镶板门　　　（b）四冒头镶板门　　　（c）带中梃镶板门

图1-49　镶板门门扇立面形式

　　2）夹板门。夹板门也称贴板门或胶合板门，是用断面较小的方木做成骨架，两面粘贴面板而成（图1-50～图1-52）。门扇面板可采用胶合板、塑料面板或硬质纤维板，面板和骨架形成一个整体，共同抵抗变形。夹板门多为全夹板门，也有局部安装玻璃或百叶的夹板门。

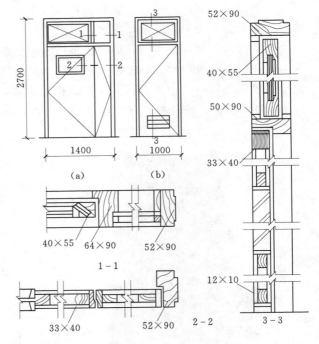

图 1-50　夹板门及其组成

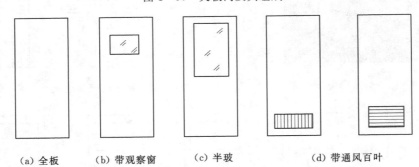

（a）全板　　（b）带观察窗　　（c）半玻　　（d）带通风百叶

图 1-51　夹板门立面形式

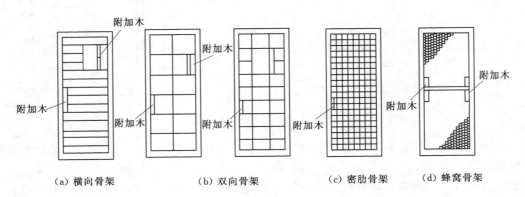

（a）横向骨架　　　（b）双向骨架　　　（c）密肋骨架　　（d）蜂窝骨架

图 1-52　夹板门骨架形式

（三）铝合金门构造

铝合金门具有质量轻、强度高、耐腐蚀、密闭性好等优点，近年来越来越多地在建筑中被广泛应用。

常用的铝合金门有推拉门、平开门、弹簧门、卷帘门等。各种铝合金门都是用不同断面型号的铝合金型材、配套零件及密封件加工制作而成。

1. 铝合金门的特点

（1）质量轻，强度高。

（2）良好的使用性能。铝合金门窗的气密性、水密性、隔声性、隔热性、耐腐蚀性均比木门窗、普通钢门窗有显著提高。

（3）美观大方，坚固耐用。

2. 铝合金门构造

以铝合金地弹簧门为例介绍。地弹簧门是使用地弹簧作开关装置的平开门，门可以向内或向外开启，可分为无框地弹簧门和有框地弹簧门。地弹簧门通常采用 70 系列和 100 系列门用铝合金型材。

（四）塑料门构造

塑料门是以聚氯乙烯（PVC）、改性聚氯乙烯或其他树脂为主要原料，以轻质碳酸钙为填料，添加适量助剂和改性剂，经挤压机挤出各种截面的空腹门窗异型材，再根据不同的品种规格选用不同的截面异型材料组装而成。

1. 塑料门的特点

（1）质量轻。

（2）性能好。

（3）具有一定的防火性能。

（4）耐久性及维护性能好。

（5）装饰性强。

2. 塑料门的型材系列

型材系列的含义同铝合金门。塑料门设计通常采用定型的型材，可根据不同地区、不同气候、不同环境、不同建筑物和不同使用要求而选用不同的门窗系列。

塑料门系列主要有 60、66 平开系列，62、73、77、80、85、88 和 95 推拉系列等多腹腔异型材组装的单框单玻、单框双玻、单框三玻固定窗以及平开窗、推拉窗、平开门、推拉门、地弹簧门等门窗。

二、窗

（一）窗的分类

窗按开启方式的不同分为以下几种（图 1-53）：

（1）平开窗。平开窗是窗扇用铰链与窗框侧边相连，可向外或向内水平开启，有单扇、双扇、多扇之分。

（2）悬窗。悬窗根据铰链和转轴的位置不同，可分为上悬窗、中悬窗和下悬窗。

（3）立转窗。立转窗是在窗扇上下两边设垂直转轴，转轴可设在中部或偏左一侧，开启时窗扇绕转轴垂直旋转。

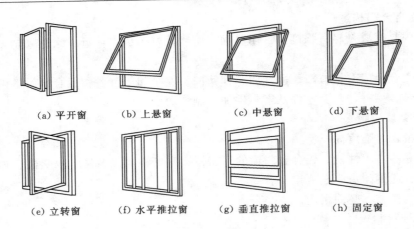

|(a) 平开窗|(b) 上悬窗|(c) 中悬窗|(d) 下悬窗|
|(e) 立转窗|(f) 水平推拉窗|(g) 垂直推拉窗|(h) 固定窗|

图 1-53　窗的开启方式

（4）推拉窗。推拉窗分垂直推拉和水平推拉两种。窗扇沿水平或竖向导轨或滑槽推拉，开启时不占空间。

（5）固定窗。固定窗无窗扇，将玻璃直接安装在窗框上，不能开启，只供采光和眺望，多用于门的亮子窗或与开启窗配合使用。

（二）窗的组成与尺度

1. 窗的组成（以平开木窗为例）

窗主要由窗框、窗扇和建筑五金零件组成（图 1-54）。

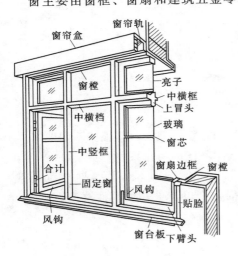

图 1-54　木窗的组成

窗框又称窗樘，一般由上框、下框及边框组成，在有亮子窗或横向窗扇数较多时，应设置中横框和中竖框。窗扇由上冒头、窗芯、下冒头及边梃组成。建筑五金零件主要有铰链（合叶）、风钩、插销、拉手、导轨、转轴和滑轮等。

2. 窗的尺度

窗的尺度主要指窗洞口的尺度。窗洞口的尺度又取决于房间的采光通风标准。通常用窗地面积比来确定房间的窗口面积，其数值在有关设计标准或规范中有具体规定，如教室、阅览室为 1/4～1/6，居室、办公室为 1/6～1/8 等。

窗洞口的高度与宽度尺寸通常采用扩大模数 3M 数列作为洞口的标志尺寸，一般洞口高度为 600～3600mm。

3. 窗扇

平开窗常见的窗扇有玻璃窗扇、纱窗扇和百叶窗，其中玻璃窗扇最普遍。一般平开窗的窗扇高度为 600～1200mm，宽度不宜大于 600mm。推拉窗的窗扇高度不宜大于 1500mm，窗扇由上、下冒头和边梃组成，为减少玻璃尺寸，窗扇上常设窗芯分格。窗扇的构造处理如图 1-55 所示。

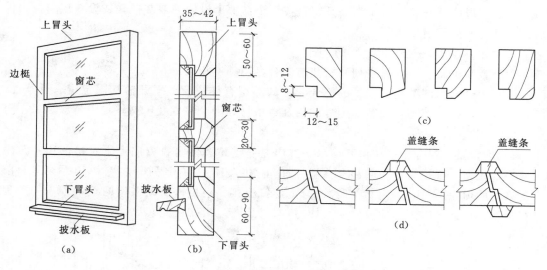

图 1-55　窗的构造

4. 双层窗

（1）双层内开窗。双层内开窗的双层窗扇一般共用一个窗框。也可分开为双层窗框，双层窗扇都内开，双层窗扇内大外小，为防止雨水渗入，外层窗扇的下冒头外侧应设披水板（图 1-56）。

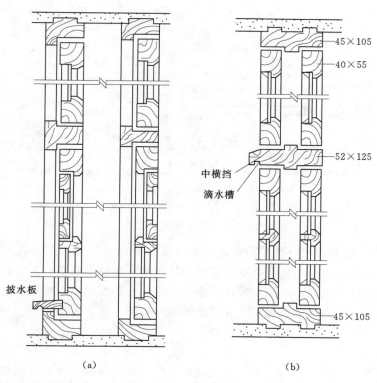

图 1-56　双层内外开窗

（2）双层内外开窗。双层内外开窗是在一个窗框上设内外双裁口，或设双层窗框，外层窗扇外开，内层窗扇内开。

5. 铝合金窗的构造

铝合金窗的特点、框料系列和安装与铝合金门基本相同。

（1）铝合金窗的类型。常见的铝合金窗的类型有推拉窗、平开窗、固定窗、悬挂窗、百叶窗等。各种窗都用不同断面型号的铝合金型材和配套零件及密封件加工制成。

（2）铝合金窗构造。

1）推拉窗。铝合金推拉窗有沿水平方向左右推拉和沿垂直方向上下推拉的窗，常采用水平推拉窗。推拉窗常用的铝合金型材有 55、60、70、90 系列等，其中 70 系列是目前广泛采用的窗用型材，采用 90°开榫对合，螺钉连接。推拉窗窗扇采用两组带轴承的工程塑料滑轮，可减轻噪声，使窗扇受力均匀，开关灵活（图 1-57）。

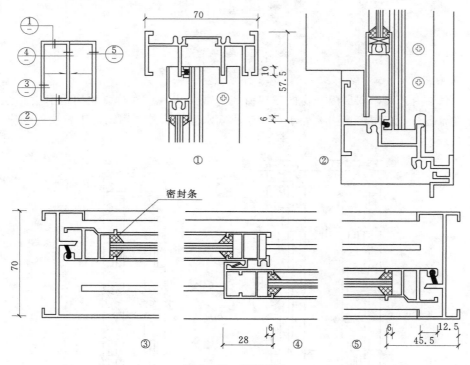

图 1-57 装配形式

2）平开窗。平开窗铰链装于窗侧面。平开窗玻璃镶嵌可采用干式装配、湿式装配或混合装配。混合装配又分为从外侧安装玻璃和从内侧安装玻璃两种。干式装配是采用密封条嵌入玻璃与槽壁的空隙，从而将玻璃固定。湿式装配是在玻璃与槽壁的空腔内注入密封胶填缝，密封胶固化后将玻璃固定，并将缝隙密封起来。混合装配是玻璃与槽壁的一侧空腔嵌密封条，另一侧空腔注入密封胶填缝。

6. 塑料窗构造

塑料窗的特点、型材系列、安装方式同塑料门。塑料窗构造主要介绍常用的推拉窗和平开窗。

（1）推拉窗。推拉窗可用拼料组合成其他形式的窗式门连窗，还可以装配成各种形式的纱窗。推拉窗在下框和中横框应设计排水孔，使雨水及时排除。推拉窗常用的系列有62、77、80、85、88 和 95 系列等多个系列，可根据使用要求进行选择。

（2）平开窗。平开窗可向外或向内水平开启，有单扇、双扇和多扇之分，铰链安装在窗扇一侧，与窗框相连。平开窗构造相对简单，维修方便。较为常用的平开窗有 60 系列和 66 系列。60 系列平开窗主型材为三腔结构，有独立的排水腔，具有保温、隔声、防盗的特点。

7. 玻璃天窗

设在屋顶上的窗为天窗。进深或跨度大的建筑物，室内光线差，空气不畅通，设置天窗可以增强采光和通风，改善室内环境。在宽大的单层厂房中，天窗的运用比较普遍。近年来，在大型公共建筑中设置中庭的方式非常盛行，于是天窗在民用建筑中也日渐多起来。

8. 遮阳设施

遮阳设施主要有水平式遮阳、垂直式遮阳、综合式遮阳、挡板式遮阳、轻型遮阳等型式，如图 1-58 所示。

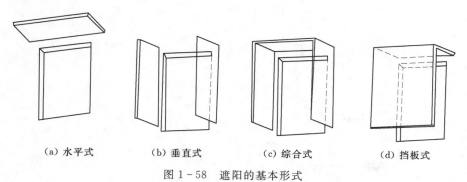

（a）水平式　　　　（b）垂直式　　　　（c）综合式　　　　（d）挡板式

图 1-58　遮阳的基本形式

三、绘制门窗

根据《建筑施工图集》中某学校学生公寓底层平面图中门窗尺寸，如图 1-59 所示。

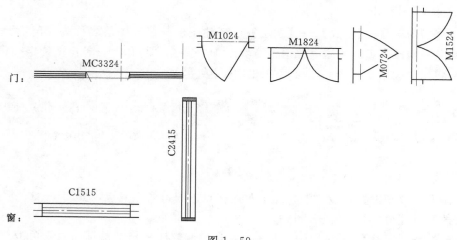

图 1-59

1. 绘制窗洞

本图有两种尺寸的窗：一种是①轴和⑥轴上的窗 C1515，即窗宽为 1500mm，窗高为 1500mm；另一种是⑥轴上的 C2415，即窗宽为 2400mm，窗高为 1500mm。以下以①轴上的窗 C1515 为例讲解绘制步骤。

【修改】→【偏移】→输入 450，回车→单击ⓒ定位轴线→拖动鼠标，将十字光标移向上侧，单击。

【修改】→【偏移】→输入 1500，回车→单击偏移形成的直线→拖动鼠标，将十字光标移向上侧，单击，如图 1-60 所示。

【修改】→【分解】→点击①轴线上的墙体

【修改】→【修剪】→点选偏移形成的两条线，回车→点选偏移形成的两条线间的墙线，回车。形成窗洞，如图 1-61 所示。

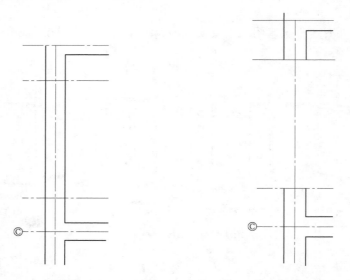

图 1-60　绘制窗洞（一）　　　　　　　图 1-61　绘制窗洞（二）

2. 绘制 C1515

（1）建门窗图层。【格式】→【图层】→新建图层→修改图层名称为"门窗"→修改颜色为绿色→修改线型为实线→修改线宽为 0.15→单击"应用"→单击"确定"。

（2）将门窗图层置为当前图层，如图 1-62 所示。

图 1-62　绘制 C1515（一）

【绘图】→【矩形】→点击洞口左下角点→点击洞口右上角点，如图 1-63 所示。

【修改】→【分解】→点击矩形。

【修改】→【偏移】→输入 80，回车→点选左侧窗线→拖动鼠标向右，单击。将所绘矩形左右平分，再按比例将各分割窗绘制出来，如图 1-64 所示。

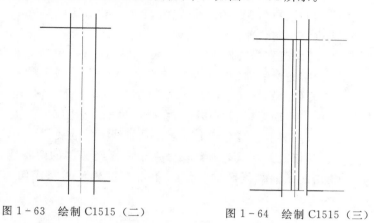

图 1-63 绘制 C1515（二）　　　图 1-64 绘制 C1515（三）

3. 窗文字书写

【格式】→【文字样式】→新建→样式名→字体名（仿宋）→宽度比例 0.7→应用→关闭，如图 1-65 所示。

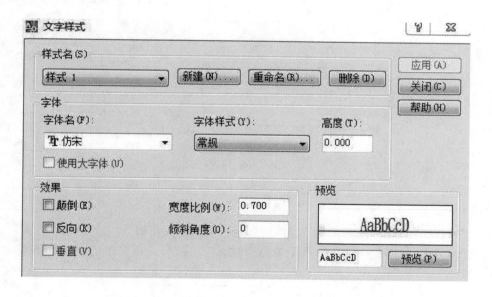

图 1-65 "文字样式"对话框

【格式】→【图层】→新建图层→修改图层名称为文字→修改颜色为黑色或白色→修改线型为实线→修改线宽为 0.15→单击应用→单击确定。

【绘图】→【文字】→单击文字所在位置→输入字高 250，回车→输入旋转角度 90，回车→输入文字 C1515，回车。绘制出如图 1-66 所示图形。

4. 绘制门洞

本图有四种尺寸的门：Ⓒ、Ⓓ轴线上的进入宿舍的门 M1024，即门宽为 1000mm，高为 2400mm；每间宿舍的入厕门 M0724，即门宽为 700mm，高为 2400mm；⑫轴线上的入

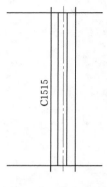

图1-66　输入文字

户门 M1524，门宽为 1500mm，高为 2400mm；Ⓐ轴线上⑤、⑥轴线之间的入户门 M1824，门宽为 1800mm，高为 2400mm。以 M1024 为例讲解绘制步骤。

【修改】→【偏移】→输入 120，回车→单击②轴线→移到鼠标将十字光标移向轴线左侧，单击。

【修改】→【偏移】→输入门宽 1000，回车→单击刚偏移形成的直线→移动鼠标到偏移线的左侧，单击，如图 1-67 所示。

【修改】→【分解】→点击Ⓒ轴线上的墙线。

【修改】→【剪断】→分别单击已经偏移的两条线，回车→分别单击两条偏移线间的墙线→单击右键确认。完成门洞绘制（图 1-68）。

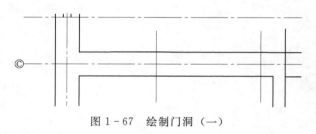

图1-67　绘制门洞（一）

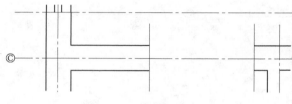

图1-68　绘制门洞（二）

5. 绘制 M1024

将门窗图层置为当前图层。

【绘图】→【直线】→单击墙体厚度中线→在正交状态下输入 1000，回车。

【绘图】→【圆弧】→单击门扇下端点→输入 c，回车→再单击门洞右侧墙线。绘制出门，如图 1-69 所示。

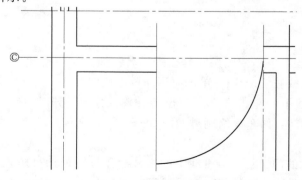

图1-69　绘制 M1024

6. 文字书写

同窗文字书写，此处从略。

四、案例解析

利用 AutoCAD 软件绘制图 1 - 70 所示建筑图门、窗，不标注尺寸。操作指导如下：

limits

设置模型空间界限：

指定左下角点或［开（ON）/关（OFF）］<0，0>：

指定右上角点<10000，8000>：

layer

创建图层：轴线、墙体、门窗层

命令：_ line 指定第一点：

指定下一点或［放弃（U）］：

指定下一点或［放弃（U）］：

画出水平、垂直两条定位轴线

命令：_ offset

指定偏移距离或［通过（T）］<120>：3300

选择要偏移的对象或<退出>：

指定点以确定偏移所在一侧：

选择要偏移的对象或<退出>：

命令：OFFSET

指定偏移距离或［通过(T)]<3300>：4500

选择要偏移的对象或<退出>：

指定点以确定偏移所在一侧：

选择要偏移的对象或<退出>：

画出另外两条轴线

命令：_ mlstyle

创建外墙11、内墙12、窗等三种多线样式

命令：_ mline

当前设置：对正＝无，比例＝1.00，样式＝窗

指定起点或［对正（J）/比例（S）/样式（ST）］：st

输入多线样式名或［?］：11

当前设置：对正＝无，比例＝1.00，样式＝11

指定起点或［对正（J）/比例（S）/样式（ST）］：j

输入对正类型［上（T）/无（Z）/下（B）］<无>：z

当前设置：对正＝无，比例＝1.00，样式＝11

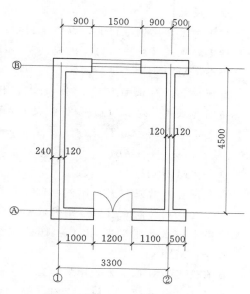

图 1 - 70　建筑示意图

指定起点或［对正（J）/比例（S）/样式（ST）］：＜对象捕捉　开＞1000 从门洞

开始

指定下一点：捕捉轴线交点

指定下一点或［闭合（C）/放弃（U）］：900（坐窗洞）

命令：MLINE

当前设置：

对正＝无，比例＝1.00，样式＝11

指定起点或［对正（J）/比例（S）/样式（ST）］：

命令：MLINE

当前设置：对正＝无，比例＝1.00，样式＝11

指定起点或［对正（J）/比例（S）/样式（ST）］：＜极轴　开＞1500（右窗洞）

指定下一点或

［放弃（U）］：1400

命令：MLINE

当前设置：对正＝无，比例＝1.00，样＝11

指定起点或［对正（J）/比例（S）/样式（ST）］：＜极轴　开＞500

指定下一点或［放弃（U）］：1600（右门洞）

命令：MLINE

当前设置：对正＝无，比例＝1.00，样＝11

指定起点或［对正（J）/比例（S）/样式（ST）］：st

输入多线样式名或［?］：12

当前设置：对正＝无，比例＝1.00，样式＝12

指定起点或［对正（J）/比例（S）/样式（ST）］：s

输入多线比例＜1.00＞：240

当前设置：对正＝无，比例＝240.00，样式＝12

指定起点或［对正（J）/比例（S）/样式（ST）］：捕捉外墙与内墙交点

指定下一点：捕捉外墙与内墙另一交点

指定下一点或［放弃（U）］：

命令：_mledit

选择第一条多线：T 形打开

选择第二条多线：将内墙、外墙选中

选择第一条多线或［放弃（U）］：

选择第二条多线：选择第一条多线或［放弃（U）］：

命令：_line，指定第一点：画门

指定下一点或［放弃（U）］：从左门洞轴线处画600长的线

指定下一点或［放弃（U）］：

命令：_arc指定圆弧的起点或

［圆心（C）］：指定圆弧的第二个点或［圆心（C）/端点（E）］：c，指定圆弧的圆心

指定圆弧的端点或［角度（A）/弦长（L）］：a，指定包含角：－90（完成圆弧绘制）

命令：_ mirror 完成右侧门

选择对象：指定对角点：找到 2 个

选择对象：

指定镜像线的第一点：指定镜像线的第二点：

是否删除源对象？［是（Y）/否（N）］＜N＞：

命令：＊取消＊

命令：_ mline 画窗

当前设置：对正＝无，比例＝240.00，样式＝12

指定起点或［对正（J）/比例（S）/样式（ST）］：st

输入多线样式名或［?］：窗

当前设置：对正＝无，比例＝240.00，样式＝窗

指定起点或［对正（J）/比例（S）/样式（ST）］：s

输入多线比例＜240.00＞：1

当前设置：对正＝无，比例＝1.00，样式＝窗

指定起点或［对正（J）/比例（S）/样式（ST）］：捕捉窗洞口

指定下一点或［放弃（U）］：

命令：_ block 指定插入基点：将门做成块

选择对象：指定对角点：找到 4 个（选择门）

按对话框提示内容操作

命令：_ insert 插入块

指定插入点或［比例（S）/X/Y/Z/旋转（R）/预览比例（PS）/PX/PY/PZ/预览旋转（PR）］：_ 输入插入点及插入比例等

任务训练

完成《建筑工程图集》中某学校学生公寓其他楼层平面图中门窗的绘制。

知识拓展

（1）能说出门窗的作用、类型和尺度。

（2）能识读施工图中的门窗尺寸及位置。

（3）掌握 AutoCAD 中各标注命令的操作。

考核评价

根据学生完成任务的情况衡量学生的掌握程度。

任务四 底层楼梯的识读与绘制

建筑空间的竖向组合体系，主要依靠楼梯、电梯、自动扶梯、台阶、坡道以及爬梯等竖

向交通设施。其中，楼梯作为竖向交通和人员紧急疏散的主要交通设施，使用最为广泛。

任务讲解

一、楼梯的类型、组成和尺度

（一）楼梯的设计要求

（1）满足人和物品的正常运行和紧急疏散。

（2）必须具有足够的通行能力、强度和刚度。

（3）满足防火、防烟、防滑、采光和通风等要求。

（4）部分楼梯对建筑具有装饰作用，因此应考虑楼梯对建筑整体空间效果的影响。

（5）楼梯间的门应朝向人流疏散方向，底层应有直接对外的出口。北方地区当楼梯间兼作建筑物出入口时，要注意防寒，一般可设置门斗或双层门。

（二）楼梯的类型

（1）楼梯按材料分为钢筋混凝土楼梯、钢楼梯、木楼梯等。

（2）楼梯按位置分为室内楼梯和室外楼梯。

（3）楼梯按使用性质分为主要楼梯、辅助楼梯、疏散楼梯及消防楼梯，根据消防要求又有开敞楼梯间、封闭楼梯间和防烟楼梯间之分。

（4）按楼梯的平面形式分：单跑直楼梯、双跑直楼梯、双跑平行楼梯、三跑楼梯、双分平行楼梯、双合平行楼梯、转角楼梯、双分转角楼梯、交叉楼梯、剪刀楼梯、螺旋楼梯等（图 1-71）。

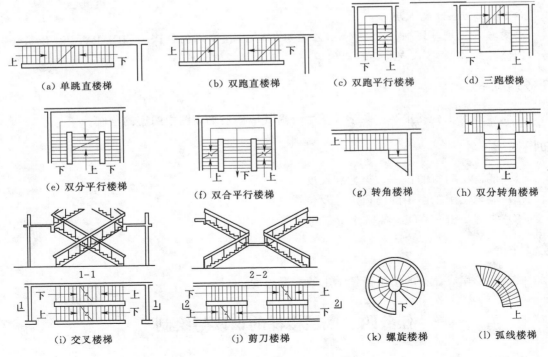

（a）单跑直楼梯	（b）双跑直楼梯	（c）双跑平行楼梯　（d）三跑楼梯
（e）双分平行楼梯	（f）双合平行楼梯	（g）转角楼梯　（h）双分转角楼梯
（i）交叉楼梯	（j）剪刀楼梯	（k）螺旋楼梯　（l）弧线楼梯

图 1-71　楼梯的平面形式

（三）楼梯的组成

楼梯一般由梯段、平台和栏杆组成（图 1 - 72）。

（1）楼梯梯段。是联系两个不同标高平台的倾斜构件，由若干个踏步构成。每个梯段的踏步数量最多不超过 18 级，最少不少于 3 级。公共建筑楼梯井净宽大于 200mm，住宅楼梯井净宽大于110mm 时，必须采取安全措施。

（2）楼梯平台。是联系两个楼梯段的水平构件，一般分成楼层平台和中间平台。

（3）栏杆和扶手。为了确保使用安全，应在楼梯段的临空边缘设置栏杆或栏板。栏杆、栏板上部供人们用手扶持的连续斜向配件称为扶手。

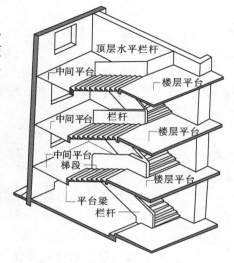

图 1 - 72　楼梯的组成

（四）楼梯的尺度

1. 楼梯的坡度及踏步尺寸

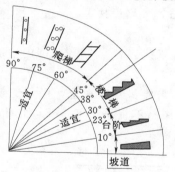

图 1 - 73　坡度范围

如图 1 - 73 所示，楼梯坡度范围为 25°～45°，普通楼梯的坡度不宜超过 38°，30°是楼梯的适宜坡度。楼梯的坡度决定了踏步的高宽比，在设计中常使用如下经验公式：

$$2h + b = 600 \sim 620 \text{(mm)}$$

式中：h 为踏步高度；b 为踏步宽度；600～620 为人的平均步距，mm。

踏步尺寸一般根据建筑的使用功能、使用者的特征及楼梯的通行量综合确定，具体可参见表 1 - 4 的规定。为适应人们上下楼，常将踏面适当加宽，而又不增加梯段的实际长度，可将踏面适当挑出，或将踢面前倾。

表 1 - 4　　　　　　　　　　　　　　　　**常 用 踏 步 尺 寸**　　　　　　　　　　　　　　单位：mm

建筑类别	住宅公用梯	幼儿园、小学	剧院、体育馆、商场、医院、旅馆和大中学校	其他建筑	专用疏散梯	服务楼梯、住宅套内楼梯
最小宽度值	260	260	280	260	250	220
最大高度值	175	150	160	170	180	200

2. 梯段尺度

楼段宽度（净宽）：应根据使用性质、使用人数（人流股数）和防火规范确定。通常情况下，作为主要通行用的楼梯，按每股人流 0.55m＋（0～0.15）m 考虑，双人通行时为 1100～1400mm，三人通行时为 1650～2100mm，其余类推。室外疏散楼梯最小宽度为900mm。同时，需满足各类建筑设计规范中对梯段宽度的限定，如防火疏散楼梯，医院病房楼、居住建筑及其他建筑，楼梯的最小净宽应分别不小于 1.30m、1.10m、1.20m。

楼段长度：

$$L = b \times (N-1)$$

式中：b 为踏步宽度，N 为踏步数。

3. 平台宽度

中间平台宽度：对于平行和折行多跑等类型楼梯，其转向后中间平台宽度应不小于梯段宽度，并且不小于 1.1m；对于不改变行进方向的平台，其宽度可不受此限。医院建筑中间平台宽度不小于 1.8m。

楼层平台宽度：应比中间平台宽度更宽松一些。对于开敞式楼梯间，楼层平台同走廊连在一起，一般可使梯段的起步点自走廊边线后退一段距离（≥500mm）即可。

4. 栏杆扶手尺度

设置条件：当梯段的垂直高度大于 1.0m 时，就应在梯段的临空面设置栏杆。楼梯至少应在梯段临空面一侧设置扶手，梯段净宽达三股人流时应两侧设扶手，四股人流时应加设中间扶手。

扶手高度：应从踏步前缘线垂直量至扶手顶面，其高度根据人体重心高度和楼梯坡度大小等因素确定，一般不宜小于 900mm，靠楼梯井一侧水平扶手长度超过 0.5m 时，其高度不应小于 1.05m；室外楼梯栏杆高度不应小于 1.05m；中小学和高层建筑室外楼梯栏杆高度不应小于 1.1m；供儿童使用的楼梯应在 500～600mm 高度增设扶手。

5. 楼梯净空高度

概念：一般指自踏步前缘（包括最低和最高一级踏步前缘线以外 0.30m 范围内）量至上方突出物下缘间的垂直高度。

净高要求：应充分考虑人行或搬运物品对空间的实际需要。我国规定，民用建筑楼梯平台上部及下部过道处的净高应不小于 2m，楼梯段净高不宜小于 2.2m，如图 1-74 所示。

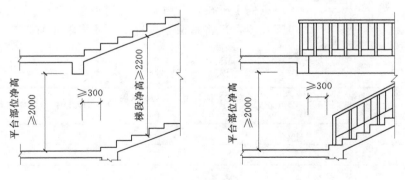

图 1-74　楼梯净空高度

二、楼梯的细部构造

1. 踏步面层及防滑措施

踏步面层的做法一般与楼地面相同。人流集中的楼梯，踏步表面应采取防滑和耐磨措施，通常是在踏步口做防滑条。防滑条长度一般按踏步长度每边减去 150mm。防滑材料可采用铁屑水泥、金刚砂、塑料条、金属条、橡胶条、马赛克等（图 1-75）。

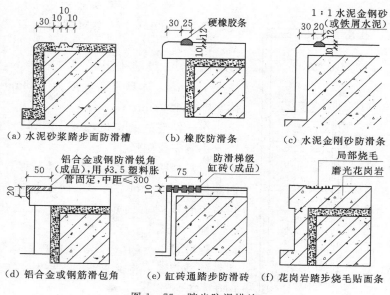

图 1-75　踏步防滑措施

2. 栏杆、栏板和扶手

（1）形式和材料：

1）空花栏杆。一般多采用金属材料制作，如钢材、铝材、铸铁花饰等，其垂直杆件间净距不应大于 110mm。

2）栏板式栏杆。栏板是用实体材料制作而成，常用材料有钢筋混凝土、加设钢筋网的砖砌体、木材、有机玻璃、钢化玻璃等，栏板的表面应光滑平整、便于清洗。

3）组合式栏杆。将空花栏杆与栏板组合在一起。空花部分一般用金属材料，栏板部分的材料与栏板式相同。扶手的尺寸和形状除考虑造型要求外，应以便于手握为宜。扶手表面必须光滑、圆顺，顶面宽度一般不宜大于 90mm，可以用优质硬木、金属型材（铁管、不锈钢、铝合金等）、工程塑料及水泥砂浆抹灰、水磨石、天然石材制作。室外楼梯不宜使用木扶手，以免淋雨后变形或开裂。

（2）栏杆与扶手、栏杆与梯段、栏杆扶手与墙或柱的连接：

1）栏杆与扶手的连接。金属扶手与栏杆直接焊接；抹灰类扶手在栏板上端直接饰面；木及塑料扶手在安装前应事先在栏杆顶部设置通长的扁铁，扁铁上预留安装钉孔，把扶手放在扁铁上，用螺丝固定。

2）栏杆与梯段的连接。在梯段内预埋铁件与栏杆焊接；在梯段上预留孔洞，用细石混凝土、水泥砂浆或螺栓固定。

3）栏杆扶手与墙或柱的连接。在墙上预留孔洞，将栏杆铁件插入洞内，再用细石混凝土或水泥砂浆填实；在钢筋混凝土墙或柱的相应位置上预埋铁件与栏杆扶手的铁件焊接，也可用膨胀螺栓连接。

三、绘制底层平面图中的楼梯平面图

图 1-76 为底层平面图中⑪、⑫、Ⓓ、Ⓕ轴线形成的楼梯间。开间为 3.6m，进深为

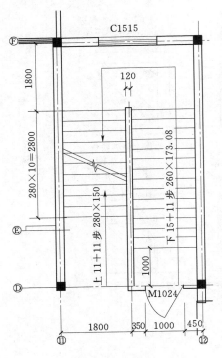

图 1-76 楼梯平面图

6.44m。双跑楼梯，箭头表示上下楼梯的方向。梯段宽度为 1800mm。右侧梯段向下 26 级踏步至地下室，踏步宽度为 260mm，高为 173.08mm。左侧梯段为向上 22 级踏步至二层，踏步宽度为 280mm，高度 150mm。休息平台宽度为 1800mm，楼梯井墙体宽度为 120mm。

在已经完成的定位轴线、墙体、门窗图形上按以下步骤完成图形。

（1）画踏步。【修改】→【偏移】：先将⑫轴线向左偏移 1800mm，再分别向左和向右偏移 60mm，再将⑪轴线向上偏移 1000mm。建立楼梯图层并置于当前，如图 1-77 所示。

【绘图】→【直线】以上图中箭头位置为起点和终点绘制直线。将此直线向上偏移 260mm14 次，如图 1-78 所示。

【修改】→【偏移】将Ⓕ轴线向下偏移 1800mm。绘制出靠近休息平台的踏步边线，再偏移 10 次，偏移距离为 280mm，如图 1-79 所示。

（2）画箭线。建立箭线图层并置于当前。

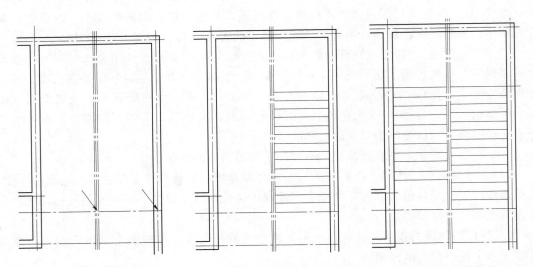

图 1-77 绘制楼梯踏步（一）   图 1-78 绘制楼梯踏步（二）   图 1-79 绘制楼梯踏步（三）

【绘图】→【多段线】在右侧梯段合适位置作为起点，绘制直线，在左侧梯段合适位置→在命令提示行输入 W，回车→再输入 80，回车→输入 0，回车→拖动鼠标绘制的箭头，如图 1-80 所示。

（3）画剖断线。【绘图】→【直线】：从第三级台阶向下画折线，如图 1-81 所示。

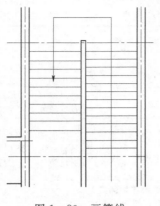

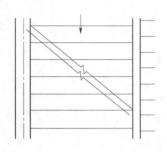

图 1 - 80　画箭线　　　　　　　　　　图 1 - 81　画剖断线

（4）注写文字。【格式】→【文字样式】→新建→样式名→字体名（仿宋）→宽度比例 0.7→应用→关闭。

【格式】→【图层】→新建图层→修改图层名称为文字→修改颜色为黑色或白色→修改线型为实线→修改线宽为 0.15→单击应用→单击确定。

【绘图】→【文字】→单击文字所在位置→输入字高 300 回车→输入旋转角度 90，回车→输入文字"下 15＋11 步 260×173.08"，回车。

其他文字依此方法即可书写。

任务训练

完成《建筑工程图集》中某学校学生公寓建筑平面图中楼梯的绘制。

知识拓展

了解不同施工条件下的楼梯分类。

考核评价

根据学生完成任务情况衡量学生掌握程度。

任务五　屋顶的识读与绘制

建筑物除了外形和主要进出口等以外，屋顶也是很重要的结构，屋顶是建筑物的承重和围护构件，由面层、结构层和顶棚等组成。屋顶依其外形不同有坡屋顶、平屋顶和曲面屋顶等。

任务讲解

屋顶的作用及构造要求。屋顶主要有三个作用，即承重作用、围护作用和装饰建筑立面的作用。屋顶应满足坚固耐久、防水排水、保温隔热、抵御侵蚀等使用要求，同时还应做到自重轻、构造简单、施工方便、造价经济，并与建筑整体形象协调。其中，防水是对屋顶的最基本的要求，屋面的防水等级和设防要求见表 1 - 5。

表 1-5　　　　　　　　　　　　　　　　屋面的防水等级和设防要求

项目		建筑物类别	防水层使用年限	防水选用材料	设防要求
屋面的防水等级	I级	特别重要的民用建筑和对防水有特殊要求的工业建筑	25年	宜选用合成高分子防水卷材、高聚物改性沥青防水卷材、合成高分子防水涂料、细石防水混凝土等材料	三道或三道以上防水设防，其中应用一道合成高分子防水卷材，且只能有一道厚度不小于2mm的合成高分子防水涂膜
	II级	重要的工业与民用建筑、高层建筑	15年	宜选用高聚物改性沥青防水卷材、合成高分子防水卷材、合成高分子防水涂料、高聚物改性沥青防水涂料、细石防水混凝土、平瓦等材料	二道防水设防，其中应有一道卷材；也可采用压型钢板进行一道设防
	III级	一般的工业与民用建筑	10年	应选用三毡四油沥青防水卷材、高聚物改性沥青防水卷材、合成高分子防水卷材、高聚物改性沥青防水涂料、合成高分子防水涂料、沥青基防水涂料、刚性防水层、平瓦、油毡瓦等材料	一道防水设防，或两种防水材料复合使用
	IV级	非永久性的建筑	5年	可选用二毡三油沥青防水卷材、高聚物改性沥青防水涂料、沥青基防水涂料、波形瓦等材料	一道防水设防

　　屋顶的类型主要有三种：①平屋顶：屋面排水坡度不大于 10% 的屋顶，常用的坡度为 2%～3%（图 1-82）；②坡屋顶：指屋面排水坡度在 10% 以上的屋顶（图 1-83）；③曲面屋顶：一般适用于大跨度的公共建筑中（图 1-84）。

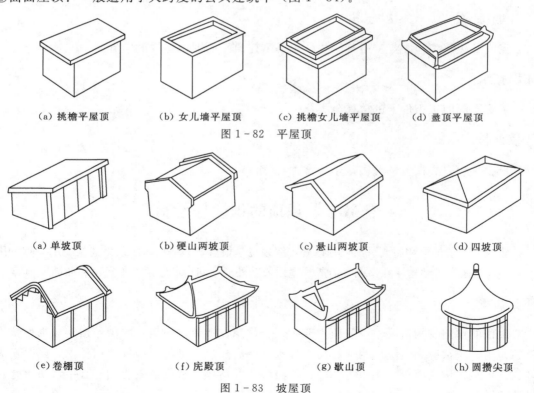

　（a）挑檐平屋顶　　　（b）女儿墙平屋顶　　　（c）挑檐女儿墙平屋顶　　　（d）盝顶平屋顶

图 1-82　平屋顶

　（a）单坡顶　　　　　（b）硬山两坡顶　　　　　（c）悬山两坡顶　　　　　（d）四坡顶

　（e）卷棚顶　　　　　（f）庑殿顶　　　　　　（g）歇山顶　　　　　　（h）圆攒尖顶

图 1-83　坡屋顶

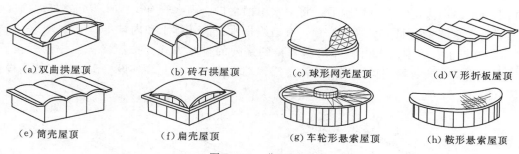

| (a) 双曲拱屋顶 | (b) 砖石拱屋顶 | (c) 球形网壳屋顶 | (d) V 形折板屋顶 |
| (e) 筒壳屋顶 | (f) 扁壳屋顶 | (g) 车轮形悬索屋顶 | (h) 鞍形悬索屋顶 |

图 1-84　曲面屋顶

下面以平屋顶为例介绍屋顶构造设计及绘制。

一、平屋顶的构造

平屋顶一般由屋面、承重结构、保温隔热层、顶棚等基本层次组成（图 1-85）。

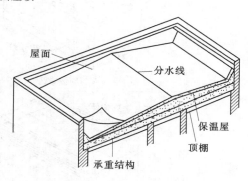

图 1-85　平屋顶的构造

（1）屋面。屋面是屋顶最上面的表面层次，要承受施工荷载和使用时的维修荷载，以及自然界风吹、日晒、雨淋、大气腐蚀等的长期作用，因此屋面材料应有一定的强度以及良好的防水性和耐久性。

（2）承重结构。承重结构承受屋面传来的各种荷载和屋顶自重。

（3）顶棚。顶棚位于屋顶的底部，用来满足室内对顶部的平整度和美观要求。

（4）保温隔热层。当对屋顶有保温隔热要求时，需要在屋顶中设置相应的保温隔热层，以防止外界温度变化对建筑物室内空间带来影响。

二、平屋顶的排水

1. 排水坡度的形成

（1）材料找坡。又叫垫置坡度，是将屋面板水平搁置，然后在上面铺设炉渣等廉价轻质材料形成坡度，其特点是结构底面平整，容易保证室内空间的完整性，但垫置坡度不宜太大，否则会使找坡材料用量过大，增加屋顶荷载。

（2）结构找坡。又叫搁置坡度，是将屋面板搁置在顶部倾斜的梁上或墙上形成屋面排水坡度的方法，其特点是不需再在屋顶上设置找坡层，屋面其他层次的厚度也不变化，减轻了屋面荷载，施工简单，造价低；但这种屋面不符合人们的使用习惯。

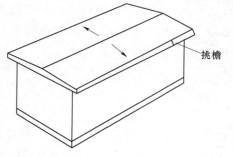

图 1-86　无组织排水

2. 排水方式

（1）无组织排水。将屋顶沿外墙挑出，形成挑檐，屋面雨水经挑檐自由下落至室外地坪（图 1-86）。

（2）有组织排水。在屋顶设置与屋面排水方向相垂直的纵向天沟，汇集雨水后，将雨水由雨水口、雨水管有组织地排到室外地面或室内地下排水系统。按照雨水管的位置，有组织排水分为外排水和内排水。

1）外排水：屋顶雨水由室外雨水管排到室外的排水方式。按照檐沟在屋顶的位置，外排水的檐口形式有沿屋面四周设檐沟、沿纵墙设檐沟、女儿墙外设檐沟、女儿墙内设檐沟等（图 1-87）。

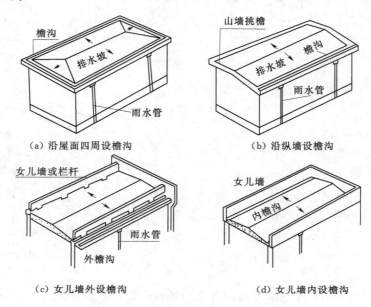

（a）沿屋面四周设檐沟　　　　　　　　（b）沿纵墙设檐沟

（c）女儿墙外设檐沟　　　　　　　　（d）女儿墙内设檐沟

图 1-87　外排水的檐口形式

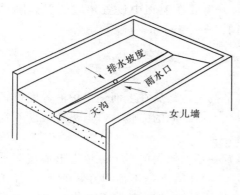

图 1-88　内排水

2）内排水：屋顶雨水由设在室内的雨水管排到地下排水系统的排水方式（图 1-88）。

3. 排水装置

（1）天沟：天沟是汇集屋顶雨水的沟槽，如图 1-88 所示，天沟主要形式有钢筋混凝土槽形天沟和在屋面板上用找坡材料形成的三角形天沟两种（图 1-89）。

（2）雨水口：雨水口是将天沟的雨水汇集至雨水管的连通构件，雨水口有设在檐沟底部的水平雨水口和设在女儿墙根部的垂直雨水口两种（图 1-90）。

4. 屋面排水组织设计

（1）确定屋面排水坡度。

（2）确定排水方式。

（3）划分排水区域。

（4）确定檐沟的断面形状、尺寸以及坡度。

（5）确定雨水管所用材料、口径大小，布置雨水管。

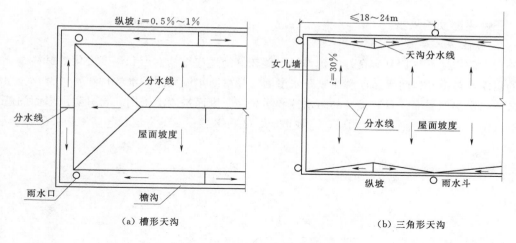

（a）槽形天沟 　　　　　　　　　　　　（b）三角形天沟

图 1-89　无沟设置的形式

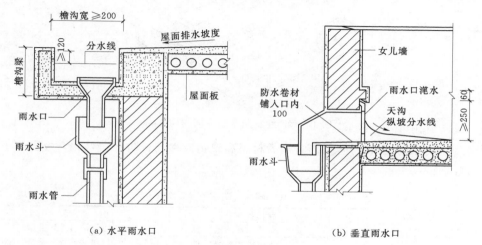

（a）水平雨水口 　　　　　　　　　　　（b）垂直雨水口

图 1-90　雨水口的构造

（6）檐口、泛水、雨水口等细部节点构造设计。

（7）绘出屋顶平面排水图及各节点详图。

屋面排水组织示例如图 1-91 所示。

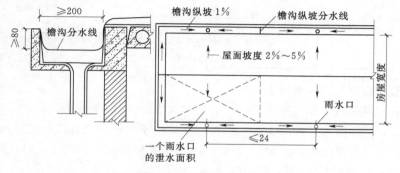

图 1-91　屋面排水组织

三、平屋顶的防水

1. 柔性防水屋面

柔性防水屋面：用具有良好的延伸性、能较好地适应结构变形和温度变化的材料做防水层的屋面，包括卷材防水屋面和涂膜防水屋面。卷材防水屋面用防水卷材和胶结材料分层粘贴形成防水层的屋面，具有优良的防水性和耐久性，因而被广泛采用。卷材防水屋面的基本构造（图1-92）包括：①结构层；②找坡层；③找平层；④结合层；⑤防水层；⑥保护层。

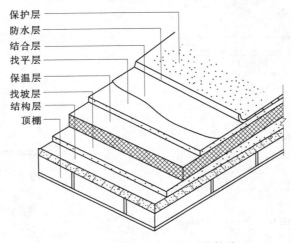

图1-92 卷材防水层屋面的构造

卷材防水层的防水卷材包括沥青类卷材、高聚物改性沥青防水卷材和合成高分子防水卷材三类，见表1-6。

表1-6　　　　　　　　　　卷 材 防 水 层

卷材分类	卷材名称举例	卷材黏结剂
沥青类卷材	石油沥青油毡	石油沥青玛蒂脂
	焦油沥青油毡	焦油沥青玛蒂脂
高聚物改性沥青防水卷材	SBS改性沥青防水卷材	热熔、自粘、粘贴均有
	APP改性沥青防水卷材	
合成高分子防水卷材	三元乙丙丁基橡胶防水卷材	丁基橡胶为主体的双组分A与B液1:1配比搅拌均匀
	三元乙丙橡胶防水卷材	
	氯磺化聚乙烯防水卷材	CX-401胶
	再生胶防水卷材	氯丁胶黏结剂
	氯丁橡胶防水卷材	CY-409液
	氯丁聚乙烯-橡胶共混防水卷材	BX-12及BX-12乙组分
	聚氯乙烯防水卷材	黏结剂配套供应

卷材防水屋面的细部构造如下：

（1）防水：屋面防水层与突出构件之间的防水构造。（图1-93）。

（2）檐口：屋面防水层的收头处，檐口的形式由屋面的排水方式和建筑物的立面造型要求来确定，主要有无组织排水檐口（图1-94）、挑檐沟檐口（图1-95）、女儿墙檐口（图1-96）和斜板挑檐檐口（图1-97）。

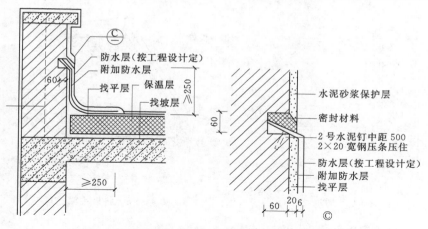

图 1-93 屋面防水层与突出构件之间的防水构造

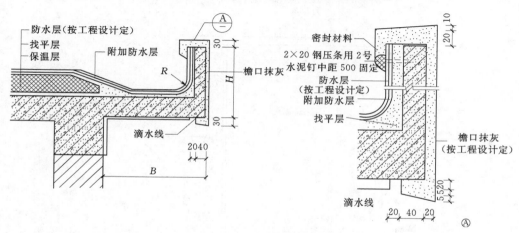

图 1-94 无组织排水檐口

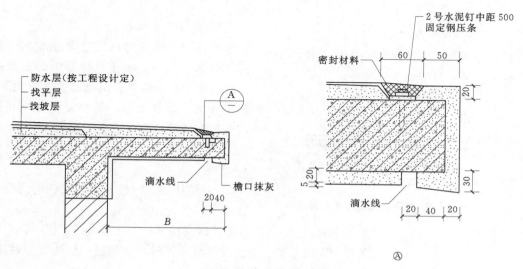

图 1-95 挑檐沟檐口

65

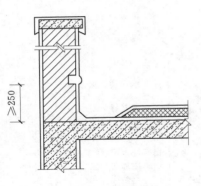

图1-96　女儿墙檐口

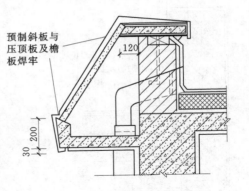

图1-97　斜板挑檐檐口

（3）上人孔的构造见图1-98。

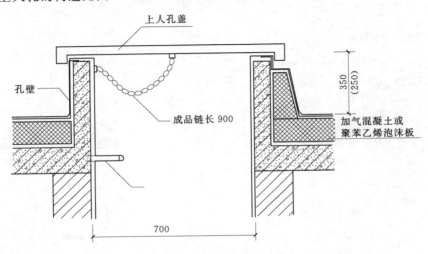

图1-98　上人孔

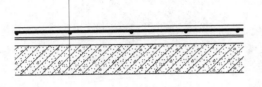

图1-99　刚性防水屋面的基本构造

2. 刚性防水屋面

刚性防水屋面是用刚性防水材料，如防水砂浆、细石混凝土、配筋的细石混凝土等做防水层的屋面。其特点是构造简单、施工方便、造价低廉，但对温度变化和结构变形较敏感，容易产生裂缝而渗漏。

（1）刚性防水屋面的基本构造（图1-99）：

1）结构层。一般采用现浇钢筋混凝土屋面板。

2）找平层。在结构层上用20mm厚1：3的水泥砂浆找平。

3）隔离层。一般采用麻刀灰、纸筋灰、低强度等级水泥砂浆或干铺一层油毡等做法。

4）防水层。刚性防水层一般采用配筋的细石混凝土形成。

（2）刚性防水屋面的细部构造：

1）分格缝。分格缝的间距一般不宜大于 6m，并应位于结构变形的敏感部位（图 1-100）。分格缝的宽度为 20～40mm，有平缝和凸缝两种构造形式（图 1-101）。

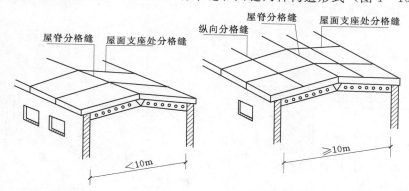

（a）房屋进深小于 10m 分格缝的划分　　（b）房屋进深大于 10m 分格缝的划分

图 1-100　刚性屋面分格缝的划分

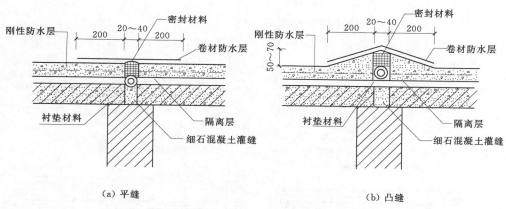

（a）平缝　　　　　　　　　　　（b）凸缝

图 1-101　分格缝的构造

2）泛水。其处理方法与卷材防水屋面的相同（图 1-102）。

3）檐口。檐口分为：①无组织排水檐口，通常直接由刚性防水层挑出形成，挑出尺寸一般大于 450mm〔图 1-103（a）〕，也可设置挑檐板，刚性防水层伸到挑檐板之外〔图 1-103（b）〕；②有组织排水檐口，包括挑檐沟檐口（图 1-104）、女儿墙檐口和斜板挑檐檐口等做法。

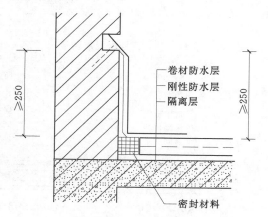

图 1-102　泛水的构造

四、平屋顶的保温与隔热

1. 平屋顶的保温

平屋顶的保温是在屋顶上加设保温材料来满足保温要求的。

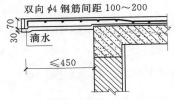

（a）混凝土防水层悬挑檐口

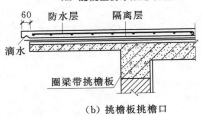

（b）挑檐板挑檐口

图 1－103　自由落水挑檐口

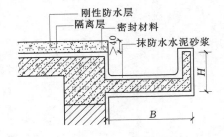

图 1－104　挑檐沟檐口构造

（1）保温材料按物理特性分为三大类，即散料类保温材料、整浇类保温材料、板块类保温材料。

（2）保温层在屋顶上的设置位置有以下三种：

1）正铺保温层。即保温层位于结构层与防水层之间（图 1－105）

2）铺保温层。即保温层位于防水层之上（图 1－106）

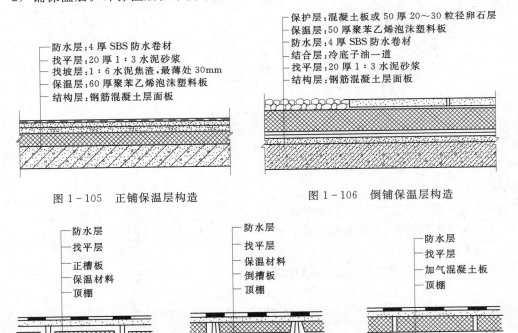

图 1－105　正铺保温层构造

图 1－106　倒铺保温层构造

（a）保温层设在槽形板下　　　（b）保温层设在反槽板上　　　（c）保温层与结构层合为一体

图 1－107　保温层与结构层结合

3）保温层与结构层结合。有三种做法，一是保温层设在槽形板的下面［图1－107（a）］；二是保温层放在槽形板朝上的槽口内［图1－107（b）］；三是将保温层与结构层融为一体［图1－107（c）］。

2. 平屋顶的隔热

（1）通风隔热。一般有两种做法：一种是在结构层与悬吊顶棚之间设置通风间层，在外墙上设进气口与排气口［图1－108（a）］；另一种是设架空屋面［图1－108（b）］。

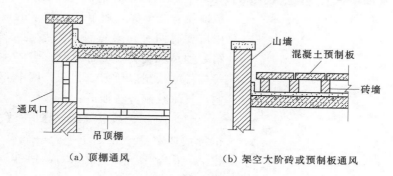

（a）顶棚通风　　　　　　（b）架空大阶砖或预制板通风

图1－108　通风降温屋顶

（2）蓄水隔热。蓄水隔热屋面的构造与刚性防水屋面基本相同，只是增设了分仓壁、泄水孔、过水孔和溢水孔（图1－109）。

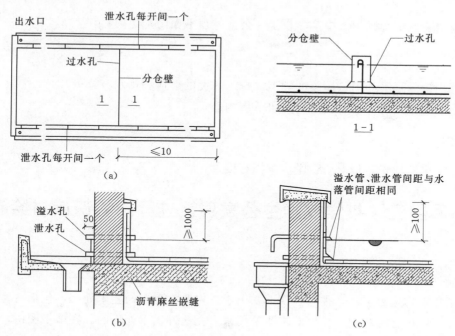

图1－109　蓄水隔热的做法

（3）植被隔热。在平屋顶上种植植物，利用植物光合作用时吸收热量和植物对阳光的遮挡来达到隔热的目的。

（4）反射降温。在屋面铺浅色的砾石或刷浅色涂料等，利用浅色材料的颜色和光滑度对热辐射的反射作用，将屋面的太阳辐射热反射出去，从而达到降温隔热的作用。

五、绘制屋顶平面图

根据《建筑施工图集》中某学校学生公寓屋顶平面图绘制。

在屋顶平面图中，主要以箭线和坡度表示屋顶的排水，箭头方向表示排水的方向，一般以屋脊线分界。数字表示排水的坡度。本任务中坡度有两种，第一种是坡度为 3% 的主屋面；第二种是坡度为 1% 的阳台。墙体、门窗、楼梯等构件的绘制以任务二、三、四中介绍的方法绘制。排水绘制方法如下：

（1）绘制箭线。【绘图】→【多段线】→指定箭线起点→指定下一点→输入 w，回车→输入 100，回车→输入 0，回车→指定箭头终点。

（2）注写文字，完成后如图 1-110 所示。

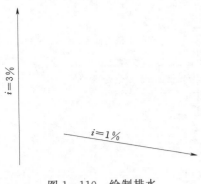

图 1-110　绘制排水

任务训练

完成《建筑工程图集》中某学校学生公寓屋顶平面图全部内容。

知识拓展

（1）识读屋顶平面图（屋顶的类型、排水坡度的形成和排水方式等）。
（2）了解常见的平屋顶的卷材防水节点构造。

考核评价

根据学生完成任务情况衡量学生掌握程度。

子项目二　某学校学生公寓建筑立面图的识读与绘制

任务导言

一座建筑物是否美观，很大程度上取决于它主要立面上的艺术处理，包括造型与装饰是否优美。在设计阶段中，立面图主要是用来研究这种艺术处理的。在施工图中，它主要反映房屋的外貌和立面装修的做法。

为使立面图外形更清晰，通常用粗实线表示立面图的最外轮廓线，而凸出墙面的雨篷、阳台、柱子、窗台、窗楣、台阶、花池等投影线用中粗线画出，地坪线用加粗线（标准粗度的 1.4 倍）画出，其余如门、窗及墙面分格线，落水管以及材料符号引出线，说明引出线等用细实线画出。

为了反映房屋的外形、高度，在与房屋立面平行的投影面上作出房屋的正投影图，称为建筑立面图，简称立面图。从房屋的正面由前向后投射的正投影图称为正立面图（图 1 - 111）。如果房屋 4 个方向立面形状不同，则要画出左、右侧立面图和背立面图。立面图的名称也可按房屋的朝向分别称为东立面图、南立面图、西立面图和北立面图；还可按房屋两端轴线的编号来命名，如①—③立面图、Ⓐ—Ⓒ立面图。

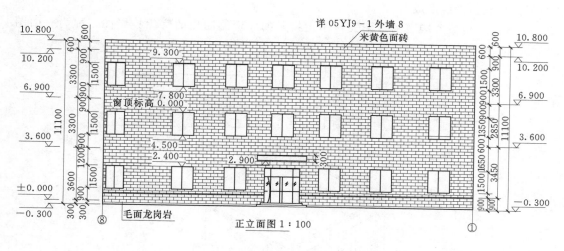

图 1 - 111　正立面图

任务目标

能 力 要 求	知 识 要 点	权重
掌握房屋建筑立面图的识读与绘制方法	房屋建筑立面图基本概论知识	25%
了解外墙装修做法	外墙的装修做法类型	25%
绘制门窗立面图	门窗立面图中的表示方法及其识图与在 CAD 中绘制	30%
绘制雨篷、阳台、台阶	雨篷、阳台、台阶的知识要点与立面图中的绘制	20%

任务一　正立面图的识读与绘制

根据投影原理，立面图上应将立面上所有看得见的细部都表示出来，但由于立面图的比例较小，如门窗扇、檐口构造、阳台栏杆和墙面复杂的装修等细部，往往只用图例表示，它们的构造和做法都另有详图或文字说明。因此，习惯上往往对这些细部只分别画出一两个作为代表，其他都可简化，只需画出它们的轮廓线。若房屋左右对称，正立面图和背立面图也可各画一半，单独布置或合并成一张图。合并时，应在图的中间画一条铅直的对称符号作为分界线。房屋立面如果有一部分不平行于投影面，例如成圆弧形、折线形、

71

曲线形等，可将该部分展开到与投影面平行，再用正投影法画出其立面图，但应在图名后注写"展开"两字。对于平面为回字形的房屋，它在院落中的局部立面可在相关的剖面图上附带表示，不能表示时应单独绘出。

任务讲解

一、立面图的形成、用途与内容

（一）立面图的形成

以平行于房屋外墙面的投影面，用正投影的原理绘制出的房屋投影图，称为立面图（图 1 - 112）。

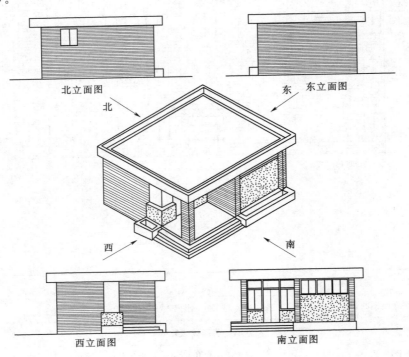

图 1 - 112　立面图的形成

（二）立面图的命名方式

1. 用朝向命名

建筑物的某个立面面向哪个方向，就称为那个方向的立面图，如建筑物的立面面向南面，该立面称为南立面图；面向北面，就称为北立面图等（图 1 - 113）。

2. 按外貌特征命名

将建筑物反映主要出入口或比较显著地反映外貌特征的那一面称为正立面图，其余立面图依次为背立面图、左立面图和右立面图。

3. 用建筑平面图中的首尾轴线命名

按照观察者面向建筑物从左到右的轴线顺序命名，如①～⑦立面图、⑦～①立面图

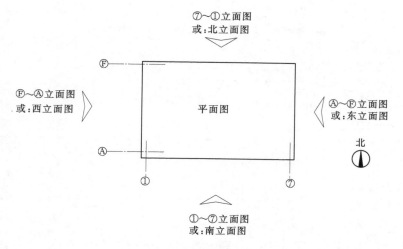

图 1－113　立面图的命名方式

等，如图 1－113 所示建筑立面图的投影方向和名称。

（三）建筑立面图的图示内容和规定画法

（1）画出从建筑物外可以看见的室外地面线、房屋的勒脚、台阶、花池、门、窗、雨篷、阳台、室外楼梯、墙体外边线、檐口、屋顶、雨水管、墙面分格线等内容。

（2）注出建筑物立面上的主要标高，如室外地面的标高、台阶表面的标高、各层门窗洞口的标高、阳台、雨篷、女儿墙顶、屋顶水箱间及楼梯间屋顶的标高。

（3）注出建筑物两端的定位轴线及其编号。

（4）注出需要详图表示的索引符号。

（5）用文字说明外墙面装修的材料及其做法。立面图局部需画详图时应标注详图的索引符号。

二、立面图识读

以《建筑工程图集》中某学校学生公寓建筑施工图为例进行说明（图 1－114）。

（1）从①～⑫立面图上了解到本图为建筑的正立面图，图的比例为 1∶100。从图中还可以了解建筑的外貌形状。该学校学生公寓楼为六层，宿舍为外挑阳台。屋面中心处为平屋面。

（2）通过正立面图，基本可以看到整个建筑正立面各个楼层的门窗分布和样式。女儿墙、勒脚、雨篷、台阶的位置和数量，墙面的分隔、装饰装修的材料和颜色等。

（3）从立面图上了解建筑的高度。从图 1－114 中看到，在立面图的右侧都注有标高，从右侧标高可知室外地面标高为－0.450，室内标高为±0.000，室内外高差 0.45m，分三个台阶。每层阳台栏板高度为 1.100m，阳台梁底距离楼面 500mm；各层均与此相同。从右侧标高可知，平屋顶标高为 19.800m，出屋楼梯顶标高为 22.500m，表示该建筑的总高为 19.80＋0.45＝20.25（m）。本建筑的每层层高为 3.3m。

（4）识读建筑立面图还应该与平面图结合。建立各个构件在平面图与立面图上的一一

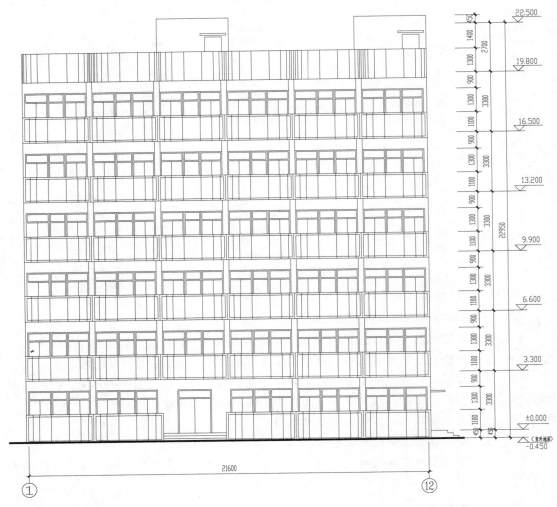

$①\sim⑫$立面图 1:100

图 1-114 正立面图

对应关系，了解各个构件的长度、宽度、高度方向上的尺寸。

三、绘制立面图

绘制立面图时，可先绘制必要的辅助线，用于确定立面图上的各个构件的位置。

1. 绘制基准线

将 0 图层设置为当前图层。

【绘图】→【直线】→单击任意一点作为起点→单击 正交 →沿水平方向推动鼠标绘制一条水平线。

同方法绘制出一条竖直线。这两条线即为立面图的绘制的基准线。以±0.000 的高度线作为竖直方向的基准线，以①轴线作为水平方向基准线（图1-115）。

2. 绘制地坪线和立面轮廓线

【格式】→【图层】→新建图层→修改图层名称为地坪线→修改颜色→修改线型为实线→修改线宽为0.7→单击应用→单击确定。

【修改】→【偏移】→输入450，回车→单击±0.000线→移动鼠标向上→任意点单击。绘出地平线位置。

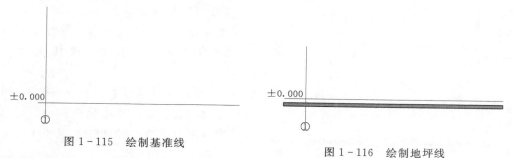

图1-115　绘制基准线

图1-116　绘制地坪线

将地坪线图层置为当前图层。

【绘图】→【直线】→沿着刚偏移450mm的线重新绘制直线。得到地坪线（图1-116）。

【修改】→【偏移】→输入21100，回车→单击±0.000线→移动鼠标向上→任意点单击。绘出屋顶阳台轮廓线。

【修改】→【偏移】→输入22950，回车→单击±0.000线→移动鼠标向上→任意点单击。绘出楼梯间轮廓线。

【修改】→【偏移】→输入21600，回车→单击①轴线→移动鼠标向右→任意点单击。绘出⑫轴线（图1-117）。

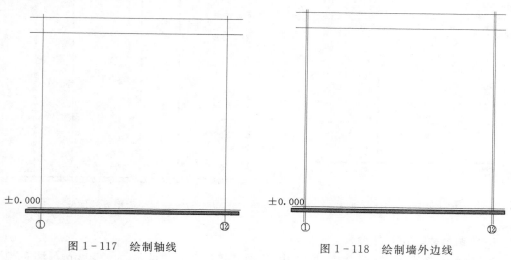

图1-117　绘制轴线

图1-118　绘制墙外边线

【修改】→【偏移】→输入120，回车→单击①轴线→移动鼠标向左→任意点单击。绘出①轴线上墙外边线。

75

【修改】→【偏移】→输入 120，回车→单击⑫轴线→移动鼠标向右→任意点单击。绘出⑫轴线上墙外边线（图 1-118）。

【修改】→【偏移】→输入 7200，回车→单击①轴线上墙体外边线→移动鼠标向右→任意点单击。绘出⑤轴线上楼梯间墙外边线。

【修改】→【偏移】→输入 3840，回车→单击⑤轴线上左边线→移动鼠标向右→任意点单击。绘出⑥轴线上楼梯间墙右外边线。

【修改】→【偏移】→输入 3840，回车→单击⑫轴线上墙体外边线→移动鼠标向左→任意点单击。绘出⑩轴线上楼梯间墙左边线，如图 1-119 所示。

建立名为轮廓线的新图层，根据喜好修改颜色，线型为实线，线宽为 0.5mm；置为当前图层；按①~⑫立面图外轮廓线绘制。

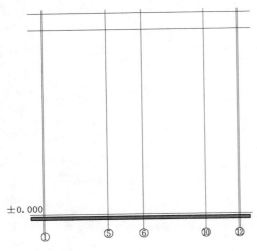

图 1-119 绘制楼梯间墙左边线

【绘图】→【直线】→以地坪线与①轴墙外边线交点 1（图 1-120）为起点，依次按 2、3、4、5、6、7、8、9、10 点连续绘制直线，得到①~⑫立面图外轮廓线（图 1-121）。

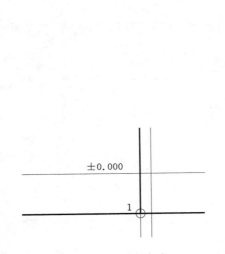

图 1-120 选择起点

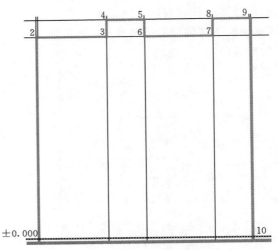

图 1-121 绘制主面图外轮廓线

3. 绘制墙体、阳台轮廓线

新建墙体图层，并置为当前。由平面图知，墙体宽度为 240mm，墙间距均为 3600mm。

【修改】→【偏移】→输入 3600，回车→单击①轴线上墙体外边线→移动鼠标向右→

任意点单击，得到③轴线上墙体左侧轮廓线。

【修改】→【偏移】→输入240，回车→单击③轴线上墙体左边线→移动鼠标向右→任意点单击，得到③轴线上墙体右侧轮廓线。

同法依次绘制出⑤、⑥、⑧、⑨、⑫轴线上墙体轮廓线（图1-122）。

新建阳台图层并置为当前图层。

根据平面图知，阳台长度除①、②轴线之间阳台和⑩、⑫轴线之间阳台为3600＋120＝3720（mm）外，其余均为3600mm。一层阳台高度为1100＋450＝1550（mm），其余楼层阳台高为1100＋330＝1430（mm）。

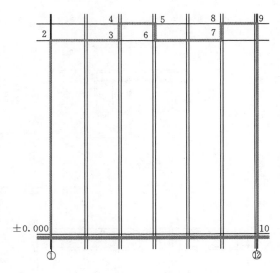

图1-122　绘制墙体轮廓线

绘制一层①、②轴线之间阳台：

【绘图】→【矩形】→单击任意点为起点→输入（@3720，1550），回车，绘制一个矩形。

【修改】→【偏移】→输入100，回车→单击矩形线框→移动鼠标向内→任意点单击，得到阳台内边线。

再在适当位置绘制三条直线表示阳台为曲面。

【修改】→【复制】→选择已绘制好的阳台立面，单击鼠标右键→单击矩形左下角点（以左下角点为基点）→拖动鼠标，将十字光标移到点1处→单击鼠标左键→单击右键确认。完成阳台绘制（图1-123）。同法可绘制出其他阳台。

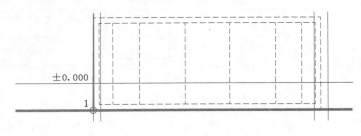

图1-123　绘制阳台

4. 绘制门窗

（1）绘制一层窗。结合平面图识读知，本立面图中窗为MC3324，门为M1824和M0920。

新建门窗图层并置为当前图层。

根据门窗表在任意分别位置绘制出MC3324、M1824、M0920（图1-124）。

【修改】→【复制】→选择已绘制好的MC3324，单击鼠标右键→单击窗左下角点

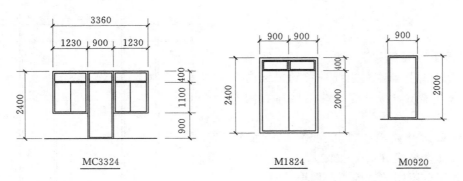

图 1-124 门窗示意图

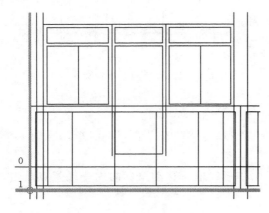

图 1-125 绘制 MC3324

（以左下角点为基点）→拖动鼠标，将十字光标移到墙线与阳台线相交处→单击鼠标左键→单击右键确认。完成 MC3324 绘制（图 1-125）。

将多余线条修剪处理后再利用【修改】→【复制】完成其他 MC3324 的绘制（图 1-126）。

（2）绘制一层门。

由底层平面图知 M1824 两侧边分别距离⑤、⑥轴线 900mm，距离⑥轴线墙右边线 1020mm。

【修改】→【偏移】→输入 1020，回车→单击⑥轴墙右边线→移动鼠标向左→任意点单击，得到 M1824 右边线。

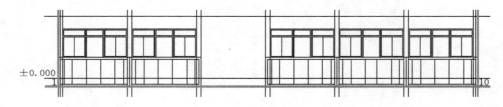

图 1-126 复制 MC3324

【修改】→【偏移】→输入 1800，回车→单击 M1824 右边线→移动鼠标向左→任意点单击，得到 M1824 左边线。

【修改】→【复制】→选择已绘制好的 M1824，单击鼠标右键→单击门左下角点（以左下角点为基点）→拖动鼠标，将十字光标移到地坪线与门左侧边线相交处→单击鼠标左键→单击右键确认。完成 MC3324 绘制（图 1-127）。

（3）绘制二层及以上阳台、窗。

将阳台高度改为 1430mm，长度不变，按绘制一层方法绘制出二层阳台、窗。

【修改】→【阵列】→输入行数 5→输入列数 1→输入行偏移 3300→输入行偏移 3300

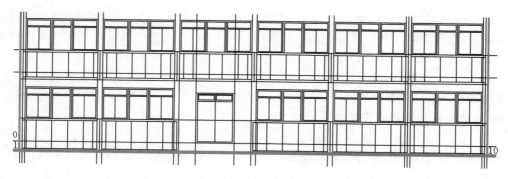

图 1-127　绘制一层门

→输入列偏移 0→单击选择对象→选择二层窗和阳台，单击鼠标右键→单击确认，得到四到六层窗和阳台（图 1-128、图 1-129）。

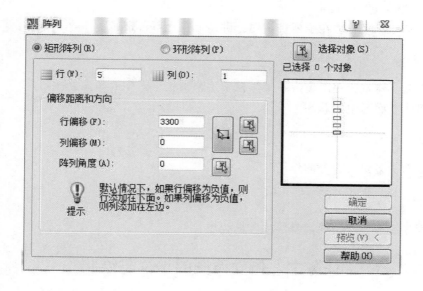

图 1-128　"阵列"对话框

图 1-129　绘制阳台和窗

利用【修改】→【复制】将六层阳台复制到屋顶。再利用绘制一层门的方法绘制出楼梯间门 M0920。

5.绘制台阶

结合底层平面图识读知⑤、⑥轴线间台阶长度为 3600－240＝3360（mm），宽度为

1680mm。台阶分三级，每级踏步宽为 280mm，高为 150mm。ⓒ、ⓓ轴线间台阶长度为 2400mm，宽度为 900mm。台阶分三级，每级踏步宽为 280mm，高为 150mm。

新建台阶图层并置为当前图层。

(1) ⑤、⑥轴线间台阶。

【修改】→【偏移】→输入 150，回车→单击±0.000 线→移动鼠标向下→任意点单击，得到台阶第一级踏步顶线。同法绘出第二级、第三级踏步线。

(2) ⓒ、ⓓ轴线间台阶。

【修改】→【偏移】→输入 900，回车→单击⑫轴线→移动鼠标向右→任意点单击。

【绘图】→【直线】→打开正交，以偏移线与±0.000 线交点为起点绘制直线→移动光标到竖向→输入 150，回车→移动光标到水平向→输入 280，回车→移动光标到竖向→输入 150，回车→移动光标到水平向→输入 280，回车→移动光标到竖向→输入 150，回车→右键确认。

6. 注写文字及标注尺寸

文字及尺寸标注方法在子项目一中已讲述，在此不再赘述。

任务训练

(1) 识读《建筑工程图集》中某学校学生公寓施工图中的其他立面图。
(2) 简述立面图中的总高。

知识拓展

了解立面图各组成部分的作用。

考核评价

根据学生完成任务情况衡量学生掌握程度。

任务二　侧立面图的识读与绘制

任务讲解

一、了解外墙装饰工程做法

外墙面是构成建筑物外观的主要因素，直接影响到建筑物的立体效果。因此，外墙面的装饰一般应根据建筑物本身的使用要求和周围环境等因素来选择饰面，通常选用具有抗老化、耐光照、耐风化、耐水、耐腐蚀和耐大气污染的外墙面饰面材料。外墙面装饰的基本功能主要有三点。

(1) 护墙体。外墙面装饰在一定程度上保护墙体不受外界的侵蚀和影响，提高墙体防潮、抗腐蚀、抗老化的能力，提高墙体的耐久性和坚固性。对一些重点部位如勒脚、踢脚、窗台等应采用相应的装饰构造措施，保证墙体材料正常功能的发挥。

(2) 改善墙体的物理性能。通过对墙面装饰处理，可以弥补和改善墙体材料在功能方面的某些不足。墙体经过装饰而厚度加大，或者使用一些有特殊性能的材料，能够提高墙体保温隔热、隔声等功能。

（3）美化建筑立面。由于建筑物的立面是人们在正常视野内所能观赏到的一个主要面，所以外墙面的装饰处理（即立面装饰）所体现的质感、色彩、线形等，对构成建筑总体艺术效果具有十分重要的作用。

（一）抹灰类墙体饰面

抹灰类饰面是用各种加色的、不加色的水泥砂浆，或者石灰砂浆、混合砂浆等做成的各种饰面抹灰层。根据使用要求不同分为一般抹灰和装饰面抹灰。墙面抹灰的优点是材料来源丰富，便于就地取材，施工简单，价格便宜。通过适当工艺可获得多种装饰效果，如拉毛、喷毛、仿面砖等。抹灰类饰面具有保护墙体、改善墙体物理性能的功能，如保温隔热等；缺点是抹灰构造多为手工操作，现场湿作业量大。

外墙抹灰（图 1-130）的施工工序：交验→基层处理→找规矩→挂线、做灰饼→做冲筋→铺抹底、中层灰→弹线，黏结分格条→铺面层灰→勾缝。

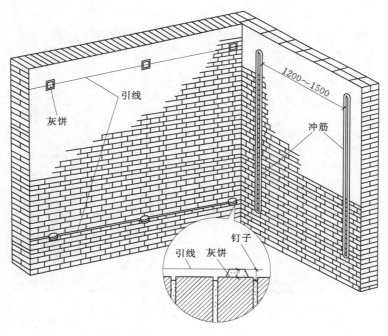

图 1-130　外墙抹灰

1. **墙面抹灰的构造组成**

墙面抹灰一般是由底层抹灰、中间抹灰和面层抹灰三部分组成，如图 1-131 所示。

（1）底层抹灰。底层抹灰主要是对墙体基层的表面处理，起到与基层黏结和初步找平的作用。抹灰施工时应先清理基层，除去浮尘，保证底层与基层黏结牢固。外墙面普通抹灰由于防水和抗冻要求比较高，长期处于室外风吹、日晒、雨淋的恶劣环境下，故一般采用比例为 1:2.5、1:3 的水泥砂浆，抹灰厚度一般为 5~10mm。

普通砖墙由于吸水性较大，在抹灰前须将墙面浇湿，以免抹灰后过多吸收砂浆中水分

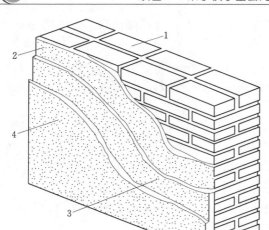

图 1-131　抹灰的构造组成

1—基层；2—底层；3—中间层；4—面层

而影响黏结。填充墙与混凝土结构交接处，应沿接缝铺设 200～300mm 宽的耐碱网格布或钢丝网，防止抹灰开裂（图 1-132）。轻质砌块墙体因砌块表面的空隙大，吸水性极强，为避免抹灰砂浆中的水分被墙体吸收，而导致墙体与底层抹灰间的黏结力较低，常见处理方法是用素水泥浆（801 胶水与水的配比为 1：4）满涂墙面，以封闭砌块表面空隙，再做底层抹灰。

（2）中间抹灰。中间抹灰主要作用是找平与黏结，还可以弥补底层砂浆的干缩裂缝。一般用料与底层相同，厚度 5～10mm，根据墙体平整度与饰面质量要求，可一次抹成，也可分多次抹成。

图 1-132　外墙不同材料交接处加防裂网

（3）面层抹灰。面层抹灰又称为"罩面"，主要是满足装饰和其他使用功能要求。在中层灰 7～8 成干后即可抹罩面灰。先在中层灰上洒水，然后将面层砂浆分遍均匀抹涂上去，一般也应按从上而下、从左向右的顺序。抹满后用铁抹子分遍压实压光。根据所选装饰材料和施工方法不同，面层抹灰可分为各种不同性质和外观的抹灰。

2. 一般抹灰饰面构造

外墙面抹面一般面积较大，为避免罩面砂浆收缩而产生裂缝，大面积膨胀而空鼓脱落，也为操作方便、保证质量、利于日后维修、增加墙面的美观、满足立面要求，通常将抹灰层进行分块，分块缝宽一般 20mm，有凸线、凹线和嵌线三种方式。凹线是最常见的一种形式，嵌木条分格构造如图 1 - 133 所示。应在底层灰 6～7 成干后，按要求弹线，用水泥浆粘贴分格条，木分格条使用前应浸水，既便于粘贴又防止变形，也有利于最终的起出，使分格条两侧的灰口整齐。

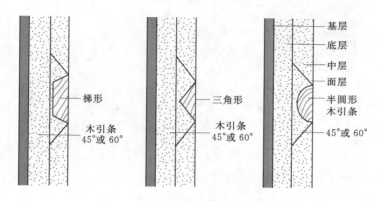

图 1 - 133　抹灰饰面构造

木分格条使用时间比较长，比较容易加工和安装，但存在诸多缺点，如耗费大量木材、遇水变形、需要进行防腐等，目前经过改进，已经全部由塑料分格条取代，即克服了木条的诸多缺点，而且形式多样，可以分割出不同的图案，色彩丰富，易于与外墙颜色搭配。外墙分格条具体安装方法如图 1 - 134 所示。

（二）贴面类墙体饰面

常用的贴面材料可分为四类：一是陶瓷制品，如釉面砖、通体砖、劈开砖、陶瓷锦砖、玻璃锦砖等；二是天然石材，如大理石、花岗岩等；三是预制块材，如水磨石饰面板、人造石材等；四是无机或有机胶凝材料，如柔性面砖等。由于块料的形状、重量、适用部位不同，其构造方法也有一定差异。轻而小的块面可以直接镶贴，构造比较简单，由底层砂浆、黏结层砂浆和块状贴面材料面层组成；大而厚重的块材则必须采用一定的构造连接措施，用贴挂等方式加强与主体结构的连接。

（三）涂刷类墙体饰面

涂刷类饰面材料几乎可以配成任何一种需要的颜色，为建筑设计提供灵活多样的表现手段，这也是其他饰面材料在装饰效果上所不能及的，其特点是花色丰富、品种繁多、经济、施工速度快、便于更新。但由于涂料所形成的涂层较薄，较为平滑，涂刷类饰面只能掩盖基层表面的微小瑕疵，不能形成凹凸程度较大的粗糙质感表面，即使采用厚涂料或拉毛做法，也只能形成微弱的小毛面，所以，外墙涂料的装饰作用主要在于改变墙面色彩，而不在于改善质感。

涂料按其成膜物的不同可分为无机涂料和有机涂料两大类。有机高分子涂料有四类：即溶剂型涂料、乳液型涂料、水溶性涂料和粉末型涂料，无机高分子涂料分为水泥系、碱金属硅酸盐系和胶态氧化硅系。

涂料按施工厚度分厚质、薄质和复层涂料。

二、侧立面图识读

识读《建筑工程图集》中某学校学生公寓建筑施工图Ⓐ～Ⓕ立面图。

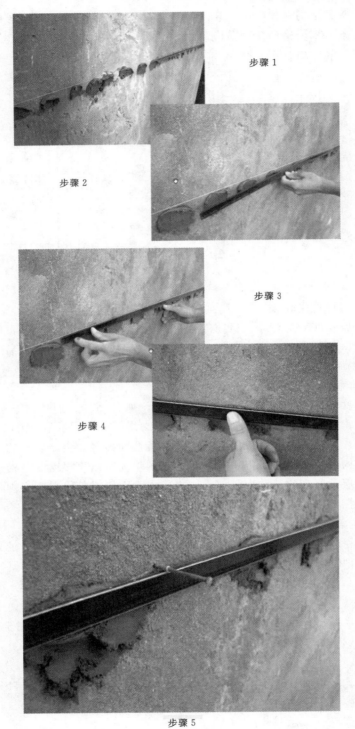

图 1 - 134　外墙分格条安装方法

（1）从侧立面图即Ⓐ～Ⓕ立面图（图1-135）上了解该建筑的外貌形状，并与平面图对照，深入了解屋面、名称、雨篷、台阶等细部形状、位置及尺寸。该学校学生公寓楼为六层，宿舍外为外挑阳台。一楼有一个入户门，门外为三级台阶，门顶设置雨棚。

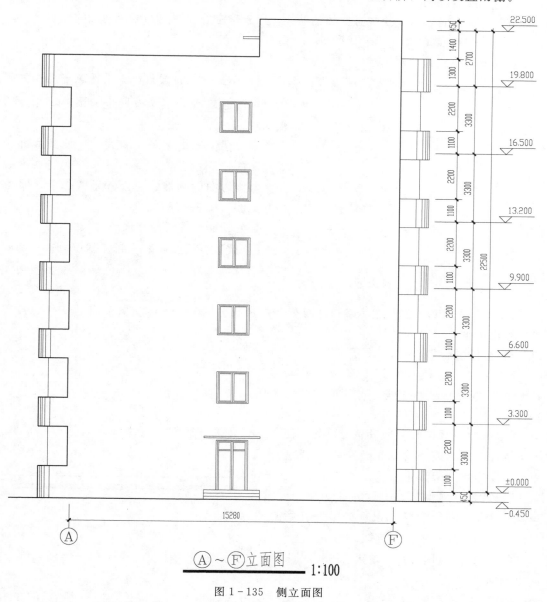

Ⓐ～Ⓕ立面图　1:100

图1-135　侧立面图

（2）从立面图上了解建筑的高度。从图中看到，在立面图的右侧都注有标高，从右侧标高可知室外地面标高为-0.450，室内标高为±0.000，室内外高差0.45m，分三个台阶。每层阳台栏板高度为1.100m，阳台梁底距离楼面500mm。各层均与此相同。从右侧标高可知，平屋顶标高为19.800m，出屋楼梯顶标高为22.500m，表示该建筑的总高为19.80+0.45=20.25（m）。本建筑的每层层高为3.3m。

（3）建立建筑物的整体形状。识读建筑立面图应该与建筑平面图结合起来，建立起该建筑的整体形状，包括各个构件的形状、高度、位置、装饰装修的颜色、质地等。

三、绘制立面图

绘制立面图时，可先绘制必要的辅助线，用于确定立面图上的各个构件的位置。

（1）绘制基准线。

将 0 图层设置为当前图层。

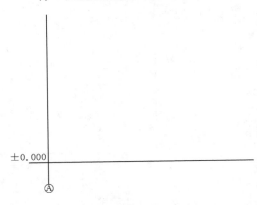

图 1－136　绘制基准线

【绘图】→【直线】→单击任意一点作为起点→单击 正交 →沿水平方向推动鼠标绘制一条水平线。

同方法绘制出一条竖直线。这两条线即为立面图的绘制的基准线。以±0.000 的高度线作为竖直方向的基准线，以Ⓐ轴线作为水平方向基准线（图 1－136）。

（2）绘制地坪线和立面轮廓线。

【格式】→【图层】→新建图层 →修改图层名称为地坪线→修改颜色→修改线型为实线→修改线宽为 0.7→单击应用→单击确定。

【修改】→【偏移】→输入 450，回车→单击±0.000 线→移动鼠标向上→任意点单击。绘出地平线位置。

将地坪线图层置为当前图层。

【绘图】→【直线】→沿着刚偏移450mm 的线重新绘制直线。得到地坪线（图 1－137）。

【修改】→【偏移】→输入 21100，回车→单击±0.000 线→移动鼠标向上→任意点单击。绘出屋顶阳台轮廓线。

【修改】→【偏移】→输入 22950，回车→单击±0.000 线→移动鼠标向上→任意点单击。绘出出屋楼梯间轮廓线。

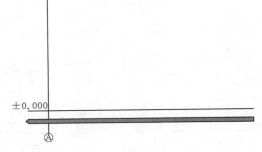

图 1－137　绘制地坪线

【修改】→【偏移】→输入 15280，回车→单击Ⓐ轴线→移动鼠标向右→任意点单击。绘出Ⓕ轴线。

【修改】→【偏移】→输入 120，回车→单击Ⓐ轴线→移动鼠标向左→任意点单击。绘出Ⓐ轴线上墙外边线。

【修改】→【偏移】→输入 120，回车→单击Ⓕ轴线→移动鼠标向右→任意点单击。绘出Ⓕ轴线上墙外边线。

【修改】→【偏移】→输入 6560，回车→单击Ⓕ轴线→移动鼠标向左→任意点单击。绘出楼梯间墙外边线。

建立名为轮廓线的新图层，根据喜好修改颜色，线型为实线，线宽为 0.5mm。置为当前图层。按Ⓐ～Ⓕ立面图外轮廓线绘制。

【绘图】→【直线】→以地坪线与Ⓐ轴线墙外边线交点为起点，依次绘制直线，得到Ⓐ～Ⓕ立面图外轮廓线（图 1-138）

（3）绘制墙体、阳台轮廓线。

新建阳台图层并置为当前图层。

绘制Ⓐ轴线左侧阳台：

【修改】→【偏移】→输入 900，回车→单击Ⓐ轴→移动鼠标向外→任意点单击，得到阳台处墙体边线。

【修改】→【偏移】→输入 1620，回车→单击Ⓐ轴→移动鼠标向外→任意点单击，得到阳台边线。

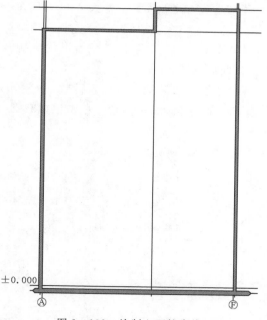

图 1-138　绘制立面轮廓线

【修改】→【偏移】→输入 1100，回车→单击±0.000 线→移动鼠标向上→任意点单击，得到阳台上边线。

【绘图】→【直线】→按阳台形状绘制出阳台，再在适当位置绘制三条直线表示阳台为曲面（图 1-139）。

【修改】→【偏移】→输入 3000，回车→单击±0.000 线→移动鼠标向上→任意点单击，得到二层阳台下边线。

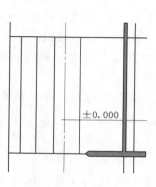

图 1-139　绘制阳台

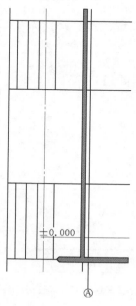

图 1-140　绘制二层阳台

【修改】→【偏移】→输入 4400，回车→单击±0.000 线→移动鼠标向上→任意点单击，得到二层阳台上边线。

【绘图】→【直线】→按阳台形状绘制出二层阳台，再在适当位置绘制三条直线表示阳台为曲面（图 1 - 140）。

【修改】→【阵列】→输入行数 6→输入列数 1→输入行偏移 3300→输入列偏移 0→单击选择对象→选择二层阳台，单击鼠标右键→单击确认，画出三层到屋顶阳台。阵列操作如图 1 - 141 所示。

图 1 - 141　"阵列"对话框

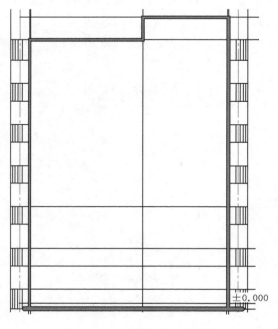

图 1 - 142　墙体和阳台轮廓线

因屋顶阳台高为 1300mm，所以需要调整：

【修改】→【拉伸】→用窗选方式选择屋顶阳台上端→右键回车→单击任意点为基点→打开正交→鼠标移向竖直方向→输入 200，回车。

绘制Ｆ轴右侧阳台：【修改】→【镜像】→选择Ａ轴左侧阳台→右键回车→在正交模式下以地坪线中点为起点任意画一条竖直线为镜像线→右键确认。绘制出Ｆ轴右侧阳台。

删除、修剪多余的线条和辅助线，完成图形（图 1 - 142）。

（4）绘制门窗、台阶。绘制门窗、台阶方法同本子项目任务一。

（5）注写文字、标注尺寸。方法在子项目一中已讲述，在此不再赘述。

任务训练

（1）简述几种常见的墙面装修构造。
（2）简述幕墙的种类和组成。
（3）简述几种墙体的节能构造。

知识拓展

（1）了解墙面装饰各组成部分的作用。
（2）掌握墙面装饰的细部构造。

考核评价

根据学生完成任务情况衡量学生掌握程度。

子项目三　某学校学生公寓建筑剖面图的识读与绘制

任务导言

剖面图又称剖切图，是通过对有关的图形按照一定剖切方向所展示的内部构造图例，设计人员通过剖面图的形式形象地表达设计思想和意图，使阅图者能够直观地了解工程的概况或局部的详细做法以及材料的使用。剖面图一般用于工程的施工图和机械零部件的设计中，补充和完善设计文件，是工程施工图和机械零部件设计中的详细设计，用于指导工程施工作业和机械加工。

任务目标

能 力 要 求	知 识 要 点	权重
内墙装修做法	内墙面装修的方法和分类	30％
楼（屋）面板的构造识读与绘制	楼面板、地层板等细部构造	35％
能根据形体投影图正确绘制出剖面图	剖面图的基本知识	35％

想用一个或多个垂直于外墙轴线的铅垂剖切面，将房屋剖开，所得的投影图，称为建筑剖面图，简称剖面图（图1－143）。剖面图表示房屋内部的结构或构造形式、分层情况和各部位的联系、材料及其高度等，是与平面图、立面图相互配合的重要图样。

剖面图的剖切位置应选在房屋的主要部位或建筑构造比较典型的部位，如剖切平面通过房屋的门窗洞口和楼梯间，并应在首层平面图中标明。剖面图的图名，应与平面图上所标注剖切符号的编号相一致，如1－1剖面图、2－2剖面图等。当一个剖切平面不能同时剖到这些部位时，可采用若干平行的剖切平面。剖切平面应根据房屋的复杂程度而定。

平面图上剖切符号的剖视方向宜向左、向前，看剖面图应与平面相结合并对照立面图一起看。剖切平面一般取侧垂面，所得的剖面图为横剖面图；必要时也可取正平面，所得的剖面图为正剖面图。

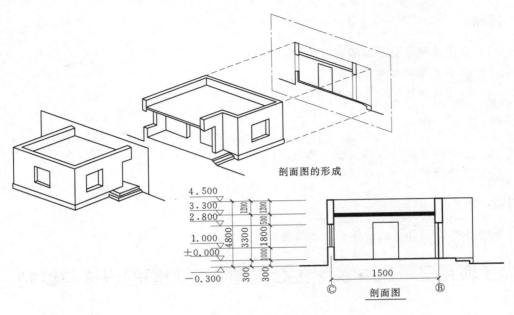

图 1-143　剖面图

任务一　了解内墙装修做法

　　墙面是室内外空间的侧界面，墙面装饰对空间环境效果影响很大。墙面装饰分外墙面装饰和内墙面装饰两部分，不同的墙面有不同的使用和装饰要求。

任务讲解

　　在墙面装修中，不同的材质、色彩及施工工艺都对墙面装修产生很大的影响，进而影响到室内的整体装饰风格。所以，在进行墙面装饰时，应与整个房间的造型、色彩、材料质感相互协调，互相搭配，这样才能营造出极具节奏感的室内空间。

一、墙面装修功能

　　(1) 保护墙体，增强墙体的坚固性、耐久性，延长墙体的使用年限。

　　(2) 改善室内的卫生条件及墙体的使用功能。

　　(3) 提高建筑物内部装饰艺术效果，美化环境。

二、墙面装修分类

　　(1) 抹灰类。抹灰分为一般抹灰和装饰抹灰两类。

　　(2) 涂料类。分为两类：①无机涂料，常用的有石灰浆、大白浆、可赛银浆、无机高分子涂料等；②有机合成涂料，依其主要成膜物质和稀释剂的不同，可分为溶剂型、水溶性和乳液型三种。施涂方法有喷涂、弹涂、滚涂、刷涂。

　　(3) 贴面类。贴面类装修指在内外墙面上粘贴各种天然石板、人造石板、陶瓷面砖等。

　　(4) 刷浆类：适用于内墙刷浆工程的材料有石灰浆、大白浆、色粉浆、可赛银浆等。

（5）裱糊类。裱糊类墙面装修是将各种装饰性的墙纸、墙布、织锦等材料裱糊在内墙面上的一种装修饰面。墙纸品种很多，目前国内使用最多的是塑料墙纸和玻璃纤维墙布等。

（6）玻璃幕墙。玻璃幕墙主要是应用玻璃饰面材料覆盖建筑物的表面。玻璃幕墙的自重及受到的风荷载通过连接件传到建筑物的结构上。玻璃幕墙基本组成为幕墙玻璃、骨架材料和填缝材料。幕墙玻璃主要有热反射玻璃（镜面玻璃）、吸热玻璃（染色玻璃）、双层中空玻璃及夹层玻璃、夹丝玻璃、钢化玻璃等品种。

三、常见墙面装修构造

1. 一般抹灰

有石灰砂浆、混合砂浆、水泥砂浆等。外墙抹灰一般 20～25mm，内墙抹灰为 15～20mm，顶棚为 12～15mm。在构造上和施工时须分层操作，一般分为基层底层、中层和面层，各层的作用和要求不同，如图 1-144 所示。

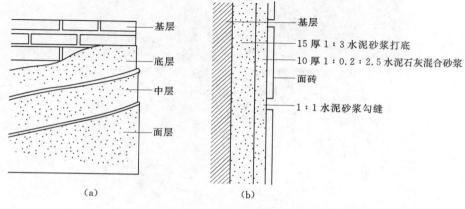

图 1-144　一般抹灰构造

（1）底层抹灰也叫刮糙，主要的作用是与基层（墙体表面）黏结和初步找平，厚度为 5～15mm。

（2）中层抹灰主要起进一步找平作用，有时可兼作底层与面层之间的黏结层，其所用材料与底层基本相同，厚度一般为 5～10mm。

（3）面层抹灰主要起装修作用，要求表面平整、色彩均匀、无裂纹，可以做成光滑、粗糙等不同质感的表面。

2. 面砖饰面构造

面砖应先放入水中浸泡，安装前取出晾干或擦干净，安装时先抹 15mm 1:3 水泥砂浆找底并划毛，再用 1:0.3:3 水泥石灰混合砂浆或用掺有 107 胶（水泥用量 5%～7%）的 1:2.5 水泥砂浆满刮 10mm 厚于面砖背面紧贴于墙上。对贴于外墙的面砖常在面砖之间留出一定缝隙，面砖饰面构造如图 1-145 所示。

3. 石材饰面构造

（1）湿法挂贴：天然石材和人造石材的安装方法相同，先在墙内或柱内预埋 Φ6 铁箍，间距依石材规格而定，而铁箍内立 Φ6～Φ10 竖筋，在竖筋上绑扎横筋，形成钢筋网。在石板上、下边钻小孔，用双股 16 号钢丝绑扎固定在钢筋网上，如图 1-146 所示。上下

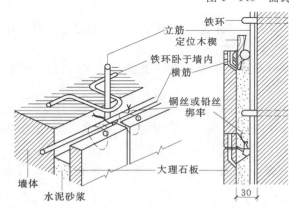

图 1-145　面砖饰面构造

图 1-146　石材饰面湿挂法连接构造

（图中标注：铁环、立筋、定位木楔、铁环卧于墙内横筋、铜丝或铅丝绑牢、大理石板、墙体、水泥砂浆、30）

两块石板用不锈钢卡销固定。板与墙面之间预留 20 ～ 30mm 缝隙，上部用定位活动木楔做临时固定，校正无误后，在板与墙之间浇筑 1∶3 水泥砂浆，待砂浆初凝后，取掉定位活动木楔，继续上层石板的安装。

（2）干挂法步骤：

1）在基层上按板材高度固定金属锚固件（或预埋铁件固定金属龙骨）。

2）在板材上、下沿开槽口。

3）将金属扣件插入板材上、下槽口，与锚固件（或龙骨）连接。

4）在板材表面缝隙中填嵌防水油膏。

干挂花岗石施工如图 1 - 147 所示。

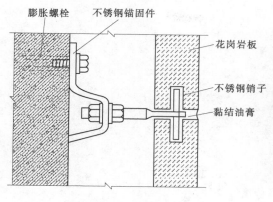

（a）石材饰面干挂法连接构造

（b）干挂花岗石施工

图 1 - 147　石材饰面构造

4. 裱糊构造

（1）基层：在基层刮腻子，以使裱糊墙纸的基层表面平整光滑。同时为了避免基层吸水过快，还应对基层进行封闭处理，处理方法是在基层表面满刷一遍按 1：0.5～1：1 稀释的 107 胶水。

（2）裱贴墙纸：粘贴剂通常采用 107 胶水，107 胶、羧甲基纤维素（2.5%）水溶液、水的比例为 100：（20～30）：50；107 胶的含固量为 12% 左右。

四、踢脚与墙裙

踢脚线一般高度为 100～200mm，墙裙的高度一般为 500mm 以上。墙裙、踢脚高度不同，作用也不同。踢脚线主要是为防止打扫卫生时把墙角弄脏，不利于打扫，行走或移动家具时不会弄脏、碰触到墙壁。墙裙作用以装饰性为主。

踢脚和墙裙都有很多做法，材料的种类也很多。比如瓷砖的踢脚线一般的工艺是打墙脚，然后用水泥镶贴瓷砖踢脚线，或者是直接贴到墙角；缺点就是踢脚突出来，放家具不好放，容易积灰尘。墙裙也可以用瓷砖来做，在最上面用个瓷砖的线条收边，或者用大芯板做造型墙裙也可以。踢脚与墙面的相对位置见图 1 - 148。

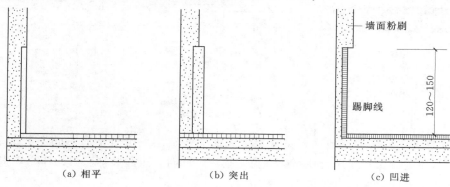

（a）相平　　　　　　　　　（b）突出　　　　　　　　　（c）凹进

图 1 - 148　踢脚与墙面的相对位

任务训练

（1）内墙有哪些装修方法？

（2）各个装修方法适用于什么类型？

知识拓展

（1）观察自己周围的内墙。

（2）内墙的装修做法。

考核评价

根据学生制作立面图的质量衡量学生掌握程度。

任务二　了解楼（屋）面板的构造

楼板层与底层地坪层统称楼地层，它们是房屋的重要组成部分。楼板是建筑物中分隔上下楼层的水平构件，它不仅承受自重和其上的使用荷载，并将其传递给墙或柱，而且对墙体也起着水平支撑的作用。此外，建筑物中的各种水平管线也可敷设在楼板层内。这些都要求楼板必须有足够的强度和刚度。

任务讲解

楼地层是可直接承受楼地面荷载的构造层，是一种分隔承重构件，它将房屋垂直方向分隔为若干层，并把人和家具等竖向荷载及楼板自重通过墙体、梁或柱传给基础，按其所用的材料可分为木楼板、砖拱楼板、钢筋混凝土楼板和压型钢板混凝土组合板等几种形式。

一、楼地面的基本构成

（1）楼板层：用来分隔建筑空间的水平承重构件，它在竖向将建筑物分成许多个楼层。楼板层要求具有足够的强度和刚度；它还具有一定的隔声、防火、热工等功能。楼板层一般由面层、结构层和顶棚层等几个基本层次组成（图1-149）。

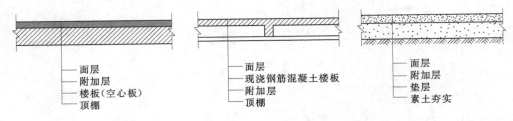

图1-149　楼板层的组成

1）面层：又称楼面或地面，是楼板上表面的构造层，也是室内空间下部的装修层。面层对结构层起着保护作用，使结构层免受损坏，同时，也起装饰室内的作用。根据各房间的功能要求不同，面层有多种不同的做法。

2）结构层：位于面层和顶棚层之间，是楼板层的承重部分，包括板、梁等构件。结构层承受整个楼板层的全部荷载，并对楼板层的隔声、防火等起主要作用。地面层的结构层为垫层，垫层将所承受的荷载及自重均匀地传给地基。

3）附加层：通常设置在面层和结构层之间，有时也布置在结构层和顶棚之间，主要有管线敷设层、隔声层、防水层、保温或隔热层等。

4）顶棚层：楼板层下表面的构造层，也是室内空间上部的装修层，又称天花板、天棚，其主要功能是保护楼板、安装灯具、装饰室内空间以及满足室内的特殊使用要求。

（2）地面层：分隔建筑物最底层房间与下部土壤的水平构件，它承受着作用在上面的各种荷载，并将这些荷载安全地传给地基。地面层由素土夯实层、垫层和面层等基本层次组成。

二、楼板的类型

楼板层按其结构层所用材料的不同，可分为木楼板、砖拱楼板、钢筋混凝土楼板、压型钢板混凝土组合板等（图 1-150）。

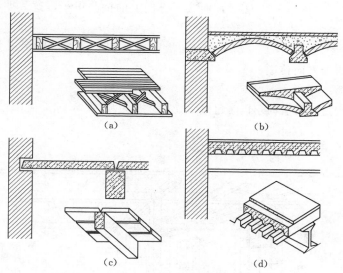

图 1-150 楼板的类型

（1）木楼板具有自重轻、构造简单、吸热指数小等优点，但其隔声、耐久和耐火性能较差，且耗木材量大，除林区外，一般极少采用。

（2）砖拱楼板虽可节约钢材、木材、水泥，但其自重大，承载力及抗震性能较差，且施工较复杂，目前也很少采用。

（3）钢筋混凝土楼板强度高、刚度好，耐久、耐火、耐水性好，且具有良好的可塑性，目前被广泛采用。下一部分重点介绍这种楼板。

（4）压型钢板混凝土组合板是以压型钢板为衬板，与混凝土浇筑在一起而构成的楼板。

三、钢筋混凝土楼板构造

（1）现浇整体式钢筋混凝土楼板。是在施工现场经支模、扎筋、浇筑混凝土等施工工

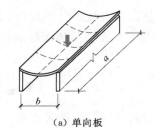

（a）单向板

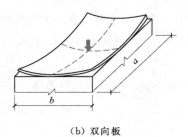

（b）双向板

图1-151　板式楼板

序，再养护达到一定强度后拆除模板而成型的楼板结构。结构的整体性强、刚度好，有利于抗震，但现场湿作业量大，施工速度较慢，施工工期较长；适用于平面布置不规则、尺寸不符合模数要求或管道穿越较多的楼面，以及对整体刚度要求较高的高层建筑。

（2）板式楼板。将楼板现浇成一块平板，并直接支承在墙上的楼板。板式楼板底面平整，便于支模施工，是最简单的一种形式，适用于平面尺寸较小的房间（如住宅中的厨房、卫生间等）以及公共建筑的走廊。板式楼板按受力不同分为单向板和双向板（图1-151）。

1）单向板：当板的长边尺寸 a 与短边尺寸 b 之比 a/b 大于2时，在荷载作用下，楼板基本上只在 b 方向上挠曲变形，而在 a 方向上的挠曲很小，这表明荷载基本沿 b 方向传递。

2）双向板：当 a/b 不大于2时，楼板在两个方向都挠曲，即荷载沿两个方向传递。

（3）肋梁楼板：

1）次梁楼板。楼板的跨度不宜超过3m，跨度为4～6m时，板中增设小梁（次梁）（图1-152）。

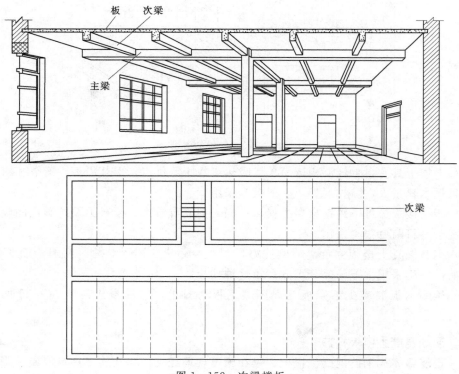

图1-152　次梁楼板

2）单向板肋梁楼板。板跨超过 5m 时，设大小不同的梁形成主、次梁。经济跨度：主梁跨度 6～9m，次梁跨度 4～7m，板跨度 1.8～3.0m。单向板肋梁楼板的主、次梁方向及经济跨度如图 1－153 所示。

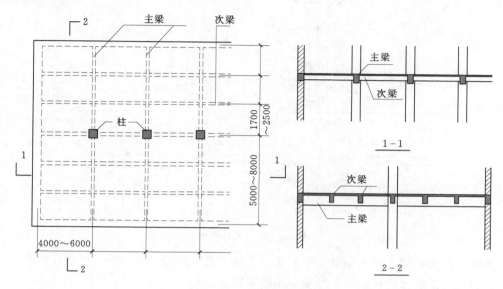

图 1－153　单向板肋梁楼板

3）双向板肋梁楼板（井式楼板）。楼板接近方形，梁的断面大小一致，不分主次梁，楼板跨度可达 30m，板的跨度一般为 3m。梁的布置形式有正井式和斜井式（图 1－154）。

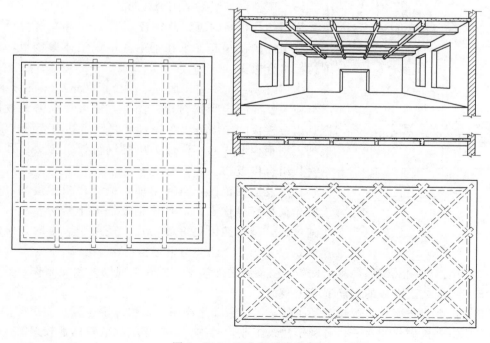

图 1－154　双向板肋梁楼板

（4）无梁楼板。楼板层不设梁，直接将板支承于柱上（图1-155）。

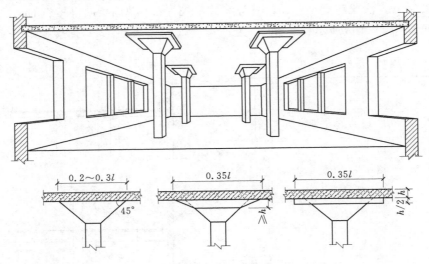

图1-155　无梁楼板

类型：当荷载较大时，为避免楼板太厚，应采用有柱帽无梁楼板，以增加板在柱上的支承面积；当楼面荷载较小时，可采用无柱帽楼板。

柱网布置：柱网应尽量按方形网格布置，跨度在6m左右较为经济，板的最小厚度通常为150mm，且不小于板跨的1/35～1/32。

适用范围：无梁楼板多用于楼面荷载较大的展览馆、商店、仓库等建筑。

（5）压型钢板混凝土组合楼板。

利用凹凸相间的压型薄钢板（图1-156）做衬板与现浇混凝土浇筑在一起支承在钢梁上构成整体型楼板，又称钢衬板组合楼板。

构造组成：主要由楼面层、组合板和钢梁三部分组成。组合板包括混凝土和钢衬板。此外，还可根据需要设吊顶棚。组合楼板的经济跨度在2～3m之间。其构造形式较多，根据压型钢板形式的不同分为单层钢衬板组合楼板和双层钢衬板组合楼板。

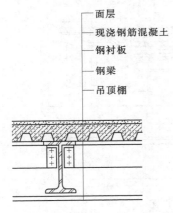

图1-156　压型钢板
混凝土组合楼板

特点及适用范围：具有钢筋混凝土楼板强度高、刚度大和耐久性好等优点，而且比钢筋混凝土楼板自重轻，施工速度快，承载能力更好等特点。适用于大空间建筑和高层建筑，在国际上已普遍采用。

（6）预制装配式钢筋混凝土楼板。在预制构件加工厂或施工现场外预先制作，然后再运到施工现场装配而成的钢筋混凝土楼板。

特点：可节省模板，改善劳动条件，提高劳动生产率，加快施工速度，缩短工期，而且提高了施工机械化的水平，有利于建筑工业化的推广，但楼板层的整体性较差。

类型：有实心平板、空心板、槽形板三种。

1）实心平板。尺寸较小，跨度一般不超过6m，宽度为1～1.8m，多用于走道板、平台板、搁板、盖板（图1-157）。

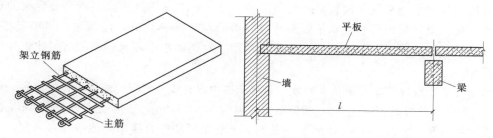

图1-157 实心平板

2）空心板。将板的横截面做成空心的称为空心板（图1-158）。空心板较同跨径的实心板重量轻，运输安装方便，建筑高度又较同跨径的 T 梁小，因之小跨径桥梁中使用较多。空心板中间挖空形式有很多种。

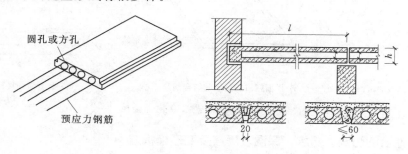

图1-158 空心板

预制空心板，跨度为 2.4～6m，板高为 120 或 180mm，板宽为 600mm、900mm、1200mm 等，圆孔直径当板厚为 120 厚时为 83mm，当板厚为 180mm 厚时为 140mm。

3）槽形板。在板的周边和中间加上肋（小梁），板上可开孔。铺设方式有正铺和倒铺两种（图1-159）。

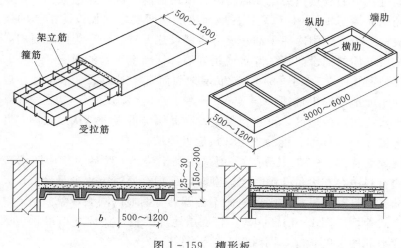

图1-159 槽形板

（7）预制装配式钢筋混凝土楼板叠合楼板。由预制板和现浇钢筋混凝土层叠合而成的装配整体式楼板。

适用特点：预制板既是楼板结构的组成部分之一，又是现浇钢筋混凝土叠合层的永久性模板，现浇叠合层内可敷设水平设备管线。叠合楼板整体性好，刚度大，可节省模板，而且板的上下表面平整，便于饰面层装修，适用于对整体刚度要求较高的高层建筑和大开间建筑。

构造要求：叠合楼板的预制板部分，通常采用预应力或非预应力薄板，板的跨度一般为4～6m，预应力薄板最大可达9m，板的宽度一般为1.1～1.8m，板厚通常为50～70mm。叠合楼板的总厚度一般为150～250mm。为使预制薄板与现浇叠合层牢固地结合在一起，可将预制薄板的板面做适当处理，如板面刻槽、板面露出结合钢筋等（图1-160）。

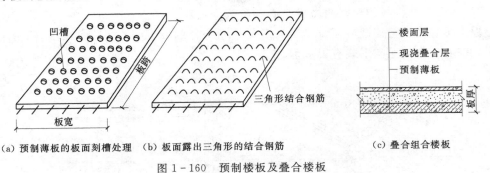

（a）预制薄板的板面刻槽处理　（b）板面露出三角形的结合钢筋　　　（c）叠合组合楼板

图1-160　预制楼板及叠合楼板

四、楼地层的防潮、防水、保温、隔声及变形缝构造

1. 地层防潮与保温

地层与土层直接接触，土壤中的水分因毛细现象作用上升引起地面受潮，严重影响室内卫生和使用。当室内空气相对湿度较大时，由于地表温度较低会在地面产生结露现象，引起地面受潮。

对于有一定温、湿度要求的房间，常在楼层中设置保温层，使楼面的温度与室内温度一致，减少通过楼板的冷热损失。保温材料可以用保温砂浆或保温板。

（1）防潮地面［图1-161（a）］：在地面垫层和面层之间加设防潮层的做法称为防潮地面。其一般构造为：先刷冷底子油一道，再铺设热沥青、油毡等防水材料，阻止潮气上升；也可在垫层下均匀铺设卵石、碎石或粗砂等，切断毛细管的通路。

（2）保温地面［图1-161（b）］：就底层地面而言，对地下水水位低、地基土壤干燥的地区，可在水泥地坪以下铺设一层150mm厚1：3水泥煤渣保温层，以降低地坪温度差。在地下水水位较高的地区，可将保温层设在面层与混凝土结构层之间，并在保温层下铺防水层，上铺30mm厚细石混凝土层，最后做面层。

（3）吸湿地面［图1-161（c）］：一般采用黏土砖、大阶砖、陶土防潮砖做地面的面层。由于这些材料中存在大量孔隙，当返潮时，面层会暂时吸收少量冷凝水，待空气湿度较小时，水分又能自动蒸发掉，因此地面不会感到有明显的潮湿现象。

（4）架空式地坪［图1-161（d）］：将底层地坪架空，使地坪不接触土壤，形成通风间层，以改变地面的温度状况，同时带走地下潮气。

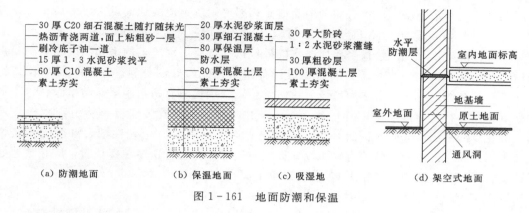

（a）防潮地面　　　（b）保温地面　　（c）吸湿地　　　（d）架空式地面

图 1—161　地面防潮和保温

2. 楼地层防水

建筑物内的厕所、盥洗室、淋浴间等房间由于使用功能的要求，往往容易积水，处理不当容易发生渗水漏水现象，应做好这些房间楼地层的排水和防水构造。

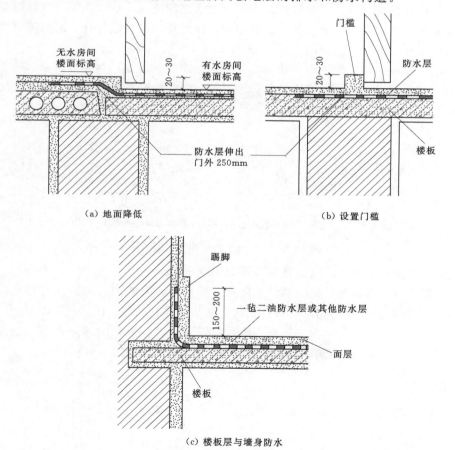

（a）地面降低　　　　　　　　　　　　（b）设置门槛

（c）楼板层与墙身防水

图 1—162　楼地面的防水与排水

（1）楼地面排水。将楼地面设置一定的坡度，一般为 1‰~1.5‰，并在最低处设置地漏。为防止积水外溢，用水房间的地面应比相邻房间或走道的地面低 20～30mm，或在门口做 20～30mm 高的挡水门槛［图 1－162（a）、(b)］。

（2）楼面防水。现浇楼板是楼面防水的最佳选择，有用水要求的房间四周用现浇混凝土做 150～200mm 的冷水处理，面层也应选择防水性能较好的材料。对防水要求较高的房间，还需在结构层与面层之间增设一道防水层，常用材料有防水砂浆、防水涂料、防水卷材等。同时，将防水层沿四周墙身上升 150～200mm。当有竖向设备管道穿越楼板层时，应在管线周围做好防水密封处理。一般在管道周围用 C20 干硬性细石混凝土密实填充，再用二布二油橡胶酸性沥青防水涂料做密封处理。热力管道穿越楼板时，应在穿越处埋设套管（管径比热力管道稍大），套管高出地面约 30mm。

3. 楼层隔声

楼层隔声的重点是隔绝固体传声，减弱固体的撞击能量，可采取以下几项措施：

（1）采用弹性面层材料。在楼层地面上铺设弹性材料，如铺设木板、地毯等，以降低楼板的振动，从而减弱固体传声。这种方法效果明显，是目前最常用的构造措施。

（2）采用弹性垫层材料。在楼板结构层与面层之间铺设片状、条状、块状的弹性垫层材料，如木丝板、甘蔗板、软木板、矿棉毡等，使面层与结构层分开，形成浮筑楼板，以减弱楼板的振动，进一步达到隔声的目的。

（3）增设吊顶。利用隔绝空气声的措施来阻止声音的传播，其隔声效果取决于吊顶的面层材料，应尽量选用密实、吸声、整体性好的材料。吊顶的挂钩宜选用弹性连接。

（4）楼地面变形缝（图 1－163）：

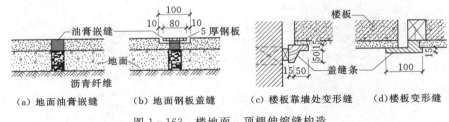

| （a）地面油膏嵌缝 | （b）地面钢板盖缝 | （c）楼板靠墙处变形缝 | （d）楼板变形缝 |

图 1－163　楼地面、顶棚伸缩缝构造

1）楼地面变形缝的位置及缝宽与墙体变形缝一致。

2）变形缝内常以具有弹性的油膏、沥青、麻丝、金属或塑料调节片等材料作填缝或盖缝处理，上铺与地面材料相同的活动盖板、铁板或橡胶条等，以防灰尘下落。

3）卫生间等有水房间中的变形缝还应做好防水处理。顶棚的缝隙盖板一般为木质或金属，木盖板一般固定在一侧以保证两侧结构的自由伸缩和沉降。

任务训练

（1）楼板在房屋中的位置及作用。

（2）楼板的基本构成。

知识拓展

（1）楼板的类型有哪些？

（2）楼板在建筑图中怎样表示？

（3）在剖面图中剖开楼板的表示方法有哪些？

考核评价

根据学生掌握楼地面的组成及各层作用的程度衡量学生掌握程度。

任务三　建筑剖面图的识读与绘制

本任务以《建筑施工图集》中某学校学生公寓剖面图为例来进行识读以及利用 Auto-CAD 2007 软件的绘图讲解，包括绘制剖面图中的各种构件，墙体、楼板、楼梯、门窗及阳台等；进行尺寸标注和符号标注。

任务讲解

本任务以《建筑施工图集》中某学校学生公寓 1-1 剖面图为例进行说明。

一、剖面图的识读

（1）剖切符号的识读。识读剖面图首先要了解剖面图名称和比例，再由剖面图名称结合首层平面图找到该剖面图的剖切符号。剖切符号由剖切位置线和投影方向线组成，中可连接成一条直线的粗短画线为剖切位置线，相互平行的两条线为投影方向线。

本图中剖切符号在底层平面图中⑤轴线和⑥轴线之间，剖切符号中将两条短划线连接成一条直线，该直线经过的位置即为 1-1 剖面图中的剖切位置；另外两条短划线即为该剖面图形成的投影方向，本图投影方向向右。由底层平面图可知剖切是从Ⓕ轴线开始，先剖切的Ⓕ轴线上的墙体和窗，然后向前剖切到楼梯的第一跑，然后是Ⓓ轴线、Ⓒ轴线、Ⓑ轴线、Ⓐ轴线上的墙体和门窗等构件。

（2）1-1 剖面图表明该公寓楼是六层，地下一层；平屋顶，屋顶上四周为弧形的女儿墙，两个楼梯间是伸出屋面。楼梯间屋顶标高为 22.5m，屋顶标高为 19.8m，女儿墙高为 1.3m，建筑的层高为 3.3m。一到六层楼梯每梯段均为 11 级踏步，每个踏步高度为 150mm。地下一层楼梯第一梯段为 15 级踏步，第二级踏步 11 级，每级踏步高为 173.08mm。

（3）图中用粗实线表示的均为被剖切到的钢筋混凝土构件，包括楼板、梁、屋面板、楼面板、楼梯踏步、剪力墙等。图中细实线表示未被剖切到的结构构件、门窗、尺寸标注、文字等。

二、剖面图的绘制

建筑剖面图中的图线多以水平和铅垂线为主。绘制时应根据各平面图中建筑特征点、定位轴线、平面尺寸及标高等绘制基准线和辅助线。

（一）绘制辅助线

（1）新建"辅助线"层并设置为当前图层。单击状态栏中的【正交】按钮，打开正交状态。

（2）单击【绘图】工具栏中的直线命令按钮　，执行直线命令，在图幅内适当的位置绘制基准线±0.000线和Ｆ轴线。

（3）按照图中的轴线间距和标高标注，利用偏移命令，绘制出全部辅助线（图1-164）。

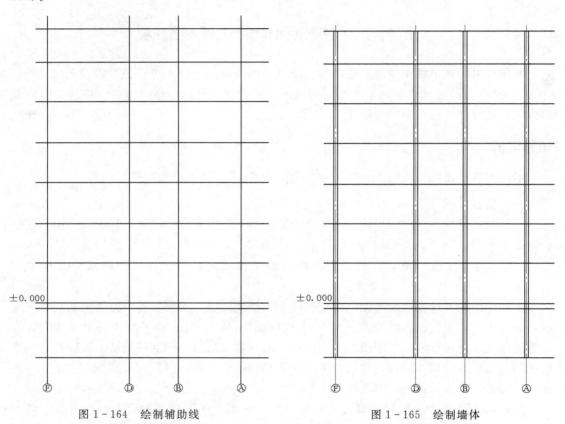

<table>
<tr><td>图1-164　绘制辅助线</td><td>图1-165　绘制墙体</td></tr>
</table>

（二）绘制各层剖面图

1. 绘制各层墙体

（1）将"剖面墙体"图层设为当前层，单击状态栏中的【对象捕捉】按钮，打开对象捕捉方式，然后设置捕捉方式为"端点"和"交点"方式。

（2）从平面图中了解墙体与定位轴线的尺寸关系，利用多线命令，绘制出Ｆ～Ａ轴线上的墙体（图1-165）。

2. 绘制地下室地面及楼地面

根据结施图知地下室地面厚度为250mm，楼地面厚度为120mm，各层梁高为300mm。

根据图1-165尺寸，利用【绘图】→【直线】或【修改】→【偏移】、【修剪】绘制出图形，然后再用【绘图】→【图形填充】完成各层地面、梁的填充（图1-166）。

3. 绘制各层门窗

在绘制窗之前，先观察一下这栋建筑物上一共有多少个种类的窗户，在 Auto-CAD 2007 作图的过程中，每种窗户只需作出一个，其余都可以利用 AutoCAD 2007 的复制命令或阵列命令来实现。

绘制窗户的步骤如下：

（1）将"剖面"层设为当前层，同时将状态栏中的【对象捕捉】按钮打开，选择"交点"和"垂足"捕捉方式。

（2）绘制底层Ⓕ轴线上的窗：

1）绘制窗户的外轮廓线。单击【修改】工具栏中的矩形命令按钮▭，捕捉辅助线上窗左下角 G 点的位置，输入窗外轮廓线右上角的相对坐标@200，1500，回车完成窗户外轮廓线的绘制。

2）绘制内轮廓线。单击【修改】→【分解】命令按钮▨→点选所画的矩形，完成分解。

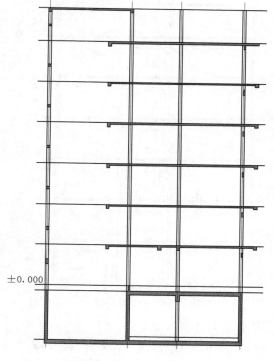

图 1-166　绘制地下室地面及楼地面

【修改】→【偏移】→输入 80，回车→点选已分解的矩形的右侧竖线→光标移向左侧，单击。

3）利用【修改】→【复制】将已绘制出的门窗安放在相应的位置。

4）利用【修改】→【阵列】将底层已绘制门窗复制到各层。

单击【修改】工具栏中的阵列命令按钮▦，弹出【阵列】对话框，单击选择对象按钮▨，框选前面绘制的两个窗，单击鼠标右键返回到【阵列】对话框，在【阵列】对话框中数据设置（图 1-167）。

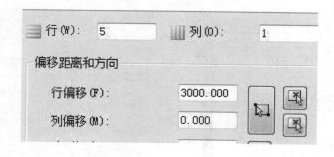

图 1-167　"阵列"对话框

然后单击【确定】按钮，完成后如图 1-168 所示。

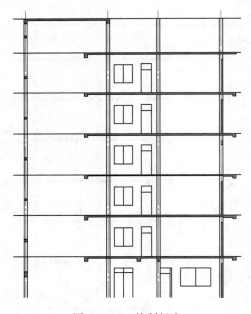

图 1-168　绘制门窗

4. 绘制地下室楼梯

根据楼梯详图中标出的尺寸可知：地下室楼梯为双跑楼梯，第一跑为 15 级踏步，第二跑为 11 级踏步，每级踏步高为 173.08mm，宽为 260mm。

（1）建立楼梯图层，并将其设为当前图层。同时，将状态栏中的【对象捕捉】和【正交】按钮打开，选择"交点"和"垂足"捕捉方式。

（2）绘制第一跑楼梯。【绘图】→【直线】→任意单击一点作为起点→移动光标，使所画直线成铅垂线→输入 173.08mm→移动光标，使直线成水平线→输入 260mm，完成一级踏步的绘制。重复此操作绘制出 15 级踏步（图 1-169）。

（3）绘制平台板及平台梁：

1）绘制平台梁。【绘图】→【矩形】→单击任意一点→输入@200，300，回车。

2）绘制平台板。【绘图】→【矩形】→单击任意一点→输入@1800，200，回车。根据 2-2 剖面图将平台板和平台梁组合如图 1-170 所示。

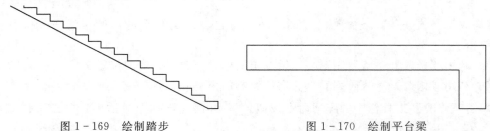

图 1-169　绘制踏步　　　　　　　　　　　　图 1-170　绘制平台梁

（4）将地下室楼梯、平台板和平台梁组合并填充得到图 1-171。

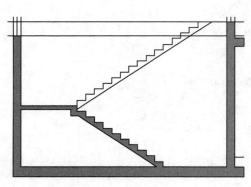

图 1-171　绘制楼梯

图 1-172　"阵列"对话框

106

5. 绘制一至六层楼梯

根据楼梯详图中标出的尺寸可知：各层楼梯为双跑楼梯，第一跑为 11 级踏步，第二跑为 11 级踏步，每级踏步高为 150mm，宽为 280mm。

先按步骤 4 绘制出首层楼梯，再利用【修改】→【阵列】绘制出所有楼层的楼梯。阵列对话框内设置如图 1-172 所示；选择对象，点击回车后如图 1-172 所示。

6. 绘制屋顶

由图可知，楼梯间屋顶出屋面高为 450mm，屋顶女儿墙高为 1300mm。利用前面已介绍过的【绘图】、【修改】工具栏中的各个命令即可绘制出本图的屋顶。

7. 绘制栏杆、栏板

结合首层平面图可知楼梯栏杆高为 900mm。

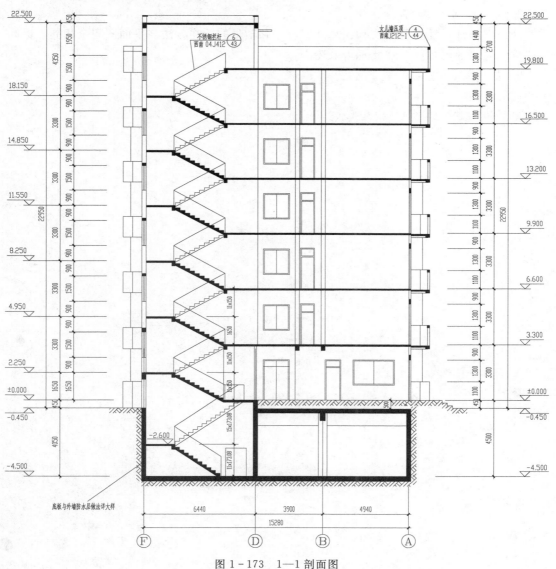

图 1-173　1—1 剖面图

（1）绘制楼梯栏杆。从第一层楼梯的第一级踏步顶到最后一级踏步绘制一条直线，再将此直线偏移 900mm，再在每级踏步中点画铅垂线与之相交，得到楼梯栏杆。

（2）绘制阳台栏板。本图阳台栏板为剖面图，结合墙体大样图可知，栏板高为 900mm，栏板厚度为 120mm。

【绘图】→【矩形】→单击任意一点→输入@120，900，回车。

【绘图】→【矩形】→单击任意一点→输入@900，900，回车。

【绘图】→【矩形】→单击任意一点→输入@720，900，回车。

【修改】→【移动】→框选栏板，回车→点击栏板右下角点为基点→拖动鼠标到剖面图中二层阳台相应位置，单击。

【修改】→【阵列】绘制出所有楼层阳台栏板。

8. 尺寸标注

剖面图细部尺寸、层高尺寸、总高度尺寸和轴号的标注方法与平面图完全相同，标高标注方法与立面图相同，在此不再赘述。

9. 文字注写

此处从略。

最后得到成图如图 1-173 所示。

项目二 某学校单身教师公寓建筑施工图的识读与绘制

子项目一 某学校单身教师公寓建筑平面图的识读与绘制

任务导言

通过项目一的学习，我们已经大致掌握了砌体结构建筑的构造做法及施工图的识读。随着建筑行业的不断发展和社会生活水平的提高，人们需要更高更大更宽敞的活动空间，砌体结构局限于自身材料及结构的不足，逐渐不能满足人们的日常需求。项目二中，我们通过对某学校单身教师公寓建筑施工平面图的学习，使学生掌握并能熟练运用框架结构的相关知识。

任务一 了解建筑物的分类

建筑通常被认为是艺术与工程技术相结合，营造出供人们进行生产、生活或者其他活动的环境、空间、房屋或者场所。一般情况下建筑是指建筑物和构筑物。

建筑物：狭义的建筑物是指房屋，是指有基础、墙、顶、门窗，能够遮风挡雨，供人们在内居住、工作、学习、娱乐、储藏物品或进行其他活动空间的场所。

构筑物：是指房屋以外的建筑物，人们一般不直接在内进行生产和生活活动，如烟囱、水塔、桥梁、水坝等。

任务讲解

建筑物按不同的方式分类如下：

（1）建筑物按使用性质分类情况如图 2-1 所示，建筑物实例如图 2-2～图 2-5 所示。

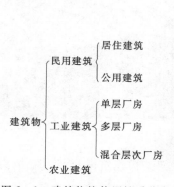

图 2-1 建筑物按使用性质分类

图 2-2 居住建筑

图 2-3　公共建筑

图 2-4　工业建筑

图 2-5　农业建筑

（2）建筑物按主要承重方式分为砌体结构建筑、框架结构建筑以及剪力墙结构建筑，实例见图 2-6～图 2-8。

图 2-6　砌体结构

图 2-7　框架结构

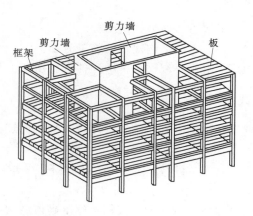

图 2-8　框剪结构

（3）建筑物按民用建筑地上层数或总高度划分情况见表 2-1，建筑物实例如图 2-9 所示。

表 2-1　建 筑 物 分 类

建筑类别	名称	层数或高度
住宅建筑	低层建筑	1~3 层
	多层建筑	4~6 层
	中高层建筑	7~9 层
	高层建筑	10 层及以上
	超高层建筑	>100m
公共建筑	单层和多层建筑	≤24m
	高层建筑	>24m
	超高层建筑	>100m

图 2-9　超高层建筑

（4）建筑物按建筑规模和数量分为大量性建筑（小而密）和大型性建筑（大而疏）。

知识拓展

（1）了解更多新型建筑结构。
（2）了解不同结构建筑的施工方法。
（3）了解用于制作各种构配件的高新技术及材料。

考核评价

到学校外拍摄不同结构类型建筑物与构筑物，提交照片及文字说明。

任务二　标准层柱（墙）构造、识读与绘制

通过项目一的学习，我们了解了砌体结构是由块体和砂浆砌筑而成的墙作为建筑物主要受力构建的结构，墙体承受来自上部结构的绝大部分重量；但是由于其自重大、体积

大、砂浆之间黏结力较弱，砌体结构的抗拉、抗弯及抗剪能力都很低，不适用于建造高层或超高层以及大跨度建筑物。

框架结构是指由梁和柱以刚接或者铰接相连接构成承重体系的结构，即由梁和柱组成框架，共同抵抗使用过程中出现的水平荷载和竖向荷载，适用于大跨度建筑或高层建筑。

任务讲解

一、框架结构中墙体与砌体结构墙体的区别

框架结构房屋的墙体不承重，仅起到围护和分隔的作用，一般用预制的加气混凝土块、膨胀珍珠岩、空心砖或者多孔砖等轻质板材等材料砌筑或装配而成。

砌体结构的墙体需要承担上部荷载，一般采用实心高强度砖来砌筑。

二、框架结构墙体构造

1. 墙体材料的规格和要求

框架结构中的填充墙起围护和分隔作用，外墙以选用轻型墙体材料（加气混凝土块、黏土空心砖等）和采用复合墙体为主。为节约土地和减少能源消耗，国家规定不能采用普通黏土砖作框架结构的填充墙。围护墙应满足保温、防水等构造要求。

框架结构的内墙只起分隔作用，其选材应以轻型材料（石膏板、加气混凝土块等）为主。分隔墙起隔声、防水等作用。

2. 墙体的构造

框架结构空心砖内隔墙厚120～180mm，墙高控制在3.6m以内。在门窗洞口两侧及窗台处用实心砖镶砌，其宽度为240～370mm，以便预埋固定件固定门窗樘口，详见相应的标准图集02J603—1，其构造见图2-10。

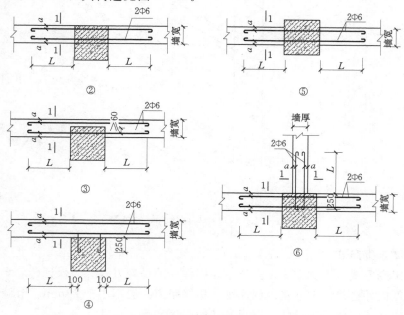

图 2-10　墙体的构造

框架结构空心砖填充外墙采用 M5 混合砂浆砌筑。后砌填充墙，填充墙与柱采用预埋件拉结，构造见图 2-11。设计标高±0.000 以下，及屋顶女儿墙采用实心砖砌筑。空心砖外墙的门窗洞口两侧及窗台处采用实心砖镶砌，其宽度为 240～370mm。

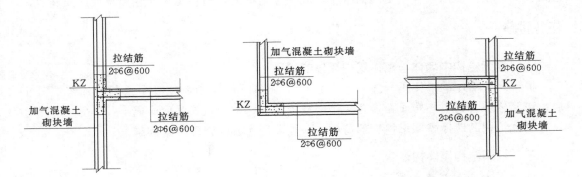

图 2-11　填充墙拉结筋示意图

框架结构加气混凝土块填充外墙，宜采用 0.5 级加气混凝土块，用 DY 型系列专用砂浆砌筑，其饰面工程应遵照 DB42/T 268—2012《蒸压加气混凝土砌块工程技术规程》施工。在设计标高±0.000 以下及屋顶女儿墙采用实心砖砌筑时，分别用 M5 水泥砂浆和混合砂浆，见图 2-12。

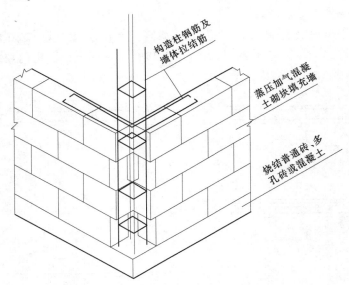

图 2-12　构造柱与墙体之间的拉结

三、墙体组砌方式

砖墙的组砌方式，简称砌式，是指砖在砌体中的排列方式。为保证砖墙牢固，砖的排列方式应遵循内外搭接、上下错缝的原则，错缝距离一般不小于 60mm。错缝和搭接能够保证墙体不出现连续的垂直通缝，以提高墙的强度和稳定性。

1. 实心砖墙的组砌方法

（1）一顺一丁式：即丁砖和顺砖隔层砌筑，使上、下皮的灰缝错开 60mm。此方法整体性好，但效率低。

（2）多顺一丁式：即多层顺砖和一层丁砖相间砌筑，有三顺一丁式、五顺一丁式。此方法砌筑简便，效率高，因在各顺砖层间存在连续的垂直灰缝，其强度比一顺一丁要低。

（3）丁顺相间式，整体性好，外形美观，砌筑比较难，常用于清水墙。

（4）全顺式：适用半砖厚墙体，上下皮错缝 120mm。

（5）两平一侧式：即两皮顺砖和一皮侧砖交替砌成，砌筑费工，对工人技术水平要求较高，适用于 180mm 厚墙体。

实心砖墙组砌方式见图 2-13。

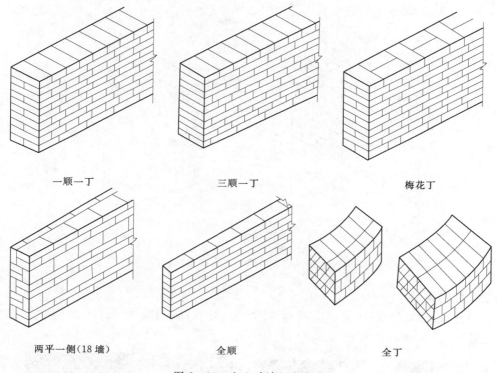

图 2-13　空心砖墙组砌方式

2. 空斗砖墙的组砌方法

空斗砖墙是用普通砖侧砌或平砌与侧砌结合砌成，墙体内部形成较大的空心。在空斗墙中，侧砌的砖称为斗砖，平砌的砖称为眠砖，空斗墙的砌法有两种，见图 2-14。

3. 空心砖墙和多孔砖墙的砌式

多孔砖为竖孔，用于承重墙的砌筑；空心砖为横孔，用于非承重墙的砌筑。

用多孔砖、空心砖砌墙时，多用整砖顺砌法，即上、下皮错开半砖；在砌转角、内外墙交接、壁柱和独立砖柱等部位时，都不需要砍砖，见图 2-15。

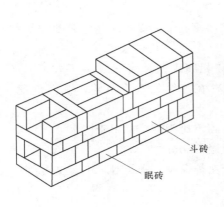
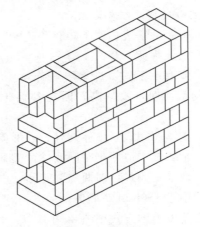

图 2-14　空斗墙的砌法

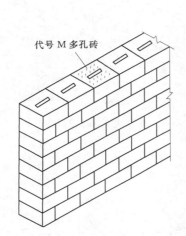
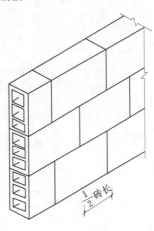

图 2-15　空心砖墙和多孔砖墙的砌法

四、柱的类型

（1）按截面形式可分为方柱、圆柱（图 2-16）、H 型柱、T 型柱、L 型柱、十字型柱、格构柱（图 2-17）等。

图 2-16　圆柱　　　　　　　　　　　　图 2-17　格构柱

（2）按所用材料可分为石柱、砖柱（图2-18）、砌块柱、木柱、钢柱（图2-19）、钢筋混凝土柱（图2-20）、钢管混凝土柱和各种组合柱。

图2-18 砖柱　　　　　　　　　图2-19 钢柱　　　　　　　　图2-20 钢筋混凝土柱

（3）按长细比可分为短柱、长柱、中长柱。

五、标准层平面图识读

本子项目中二至五层平面图即为标准层平面图。图中建筑出入口处有雨篷。室外台阶、坡道、剖切符号等已经在底层平面图中表示，因此不再在图中表示。内部的房间布置在走廊两侧，每间房间布置了卫生间和阳台。

六、标准层平面图柱、墙绘制

（一）绘制柱

（1）绘制轴线。新建轴线图层并设为当前图层，打开 正交 。

【绘图】→【直线】→单击任意点→沿水平方向→输入40000，回车，画出①轴线；【绘图】→【直线】→单击任意点→沿竖直方向→输入20000，回车，画出Ⓐ轴线，见图2-21。

以此两条线为基准线，利用【修改】中的【偏移】命令，依次绘制出水平方向和竖直方向上的所有轴线，见图2-22。

（2）绘制柱。由结构施工图中柱平面图布置图知，标准层中的柱截面宽为500mm，截面高为500mm。轴线居中布置。

图2-21 绘制轴线（一）

【绘图】→【矩形】→单击任意一点→输入@500，500，回车。画出柱。

【绘图】→【直线】→连接矩形的对角线。

【修改】→【复制】→选择矩形→单击右键→单击对角线交点→拖动鼠标到①轴线与Ⓐ轴线的交点，单击即可画出柱

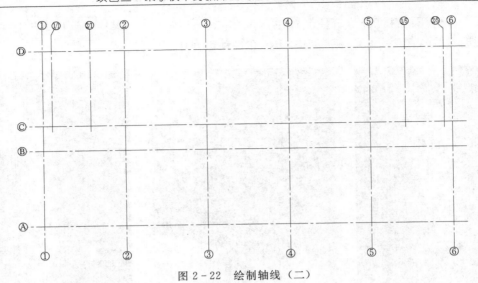

图 2-22　绘制轴线（二）

　　【绘图】→【图案填充】弹出图案填充对话框，单击图案项的 按钮，弹出填充图案选项板，在其他预定义里选择需要的填充形状后点击确定，回到图案填充对话框，点击 添加:拾取点，将十字光标移到矩形框内点击，点击右键，点击确认。再次弹出图案填充对话框，再点击确认，完成填充，见图 2-23。

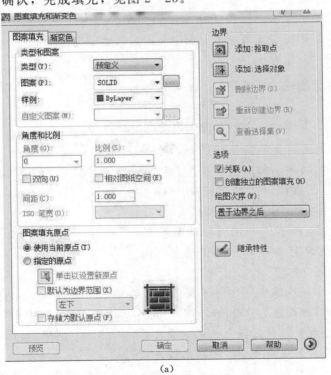

(a)

图 2-23（一）　柱的填充

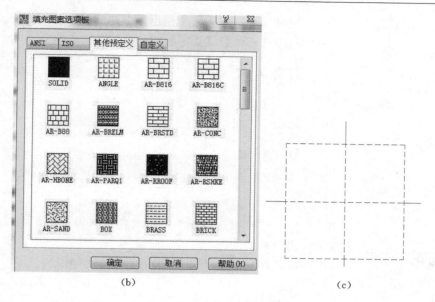

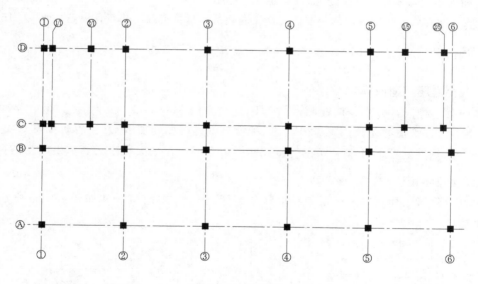

图 2-23（二）　柱的填充

【修改】→【复制】→选择已填充矩形→单击右键→单击轴线交点→拖动鼠标到各水平轴线与各竖向轴线的交点，单击即可画出所有相同柱。

同方法绘制出两个楼梯间的截面宽度为 400mm，截面高度为 500mm 的柱，见图 2-24。

图 2-24　绘制柱

（二）绘制墙

由首层平面图中说明可知：所有墙厚均为 200mm，包管墙厚均为 100mm，开门位置除标注说明外门垛均为 200mm。建筑内每个房间都是相同的，因此在绘制时，可先利用

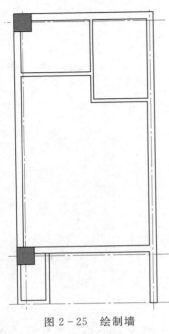

图 2 - 25　绘制墙

项目一介绍的方法绘制出一个房间的墙体（图 2 - 25），再利用【复制】、【镜像】、【修剪】等命令进行绘制。

任务训练

完成《建筑工程图集》中某单身教师公寓其他楼层平面图中的墙、柱。

知识拓展

（1）了解钢管混凝土柱等新型柱的特点。

（2）轻质板材的种类及特点。

（3）用其他方法绘制《建筑工程图集》中首层平面图中的墙体。

（4）了解 AutoCAD 中坐标的表达方式。

考核评价

根据学生完成任务情况衡量学生掌握程度。

任务三　标准层门窗构造识读与绘制

门和窗是建筑物的重要组成部分，也是主要围护构件之一。窗的主要作用是采光、通风、接收日照和供人眺望；门的主要作用是交通联系、紧急疏散，并兼有采光、通风的作用。

任务讲解

一、标准层门窗识读

本图有六种门，分别是通往阳台门 ML1，宿舍门 M3、M4，卫生间门 M5，楼梯间防火门 FM1 乙、管道井防火门 FM2 丙。三种窗分别是楼梯间窗 MQ1、活动室窗 C1、卫生间窗 GC1。这些门窗的详细尺寸在门窗大样图中查询，在平面图中只表示出门窗的宽度。

二、绘制门窗

根据《建筑工程图集》中某单身教师公寓建施-17 中门窗尺寸如图 2 - 26 所示绘制门窗平面图。

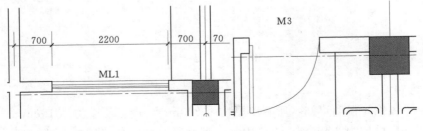

图 2 - 26　门窗尺寸

（1）绘制窗洞：

【修改】→【偏移】→输入700，回车→单击ML1右侧定位轴线→拖到鼠标将十字光标移向左侧，单击。

【修改】→【偏移】→输入2900，回车→单击ML1右侧定位轴线→拖到鼠标将十字光标移向左侧，单击（图2-27）。

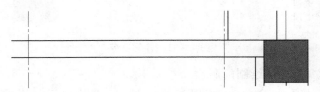

图2-27　绘制窗洞（一）

【修改】→【分解】→点击墙体。

【修改】→【修剪】→点选偏移形成的两条线，回车→点选偏移形成的两条线间的墙线，回车，形成窗洞（图2-28）。

图2-28　绘制窗洞（二）

（2）绘制ML1：

建门窗图层，前面已介绍建立过程，在此不再赘述。

【绘图】→【矩形】→点击洞口左下角点→点击洞口右上角点（图2-29）。

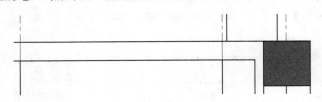

图2-29　绘制ML1（一）

【修改】→【分解】→点击矩形。

【修改】→【偏移】→输入100，回车→点选上册门窗线→拖动鼠标向下单击。将所绘矩形上下平分，再按比例将各分割门窗绘制出来（图2-30）。

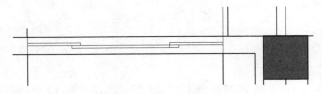

图2-30　绘制ML1（二）

（3）文字注写前面已经详述，在此不再赘述。完成图如图 2-31 所示。

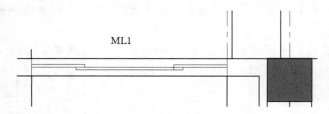

图 2-31　注写文字

（4）绘制门洞（方法同绘制门洞）：

【修改】→【偏移】→输入 100，回车→单击 M3 左侧墙线→拖动鼠标，将十字光标移向右侧，单击。

【修改】→【偏移】→输入 900，回车→单击刚偏移形成的墙线→将十字光标移向墙线右侧，单击。如图 2-32 所示。

【修改】→【延伸】将偏移形成的两条线延伸到上面的墙线上。

图 2-32　绘制门洞

（5）绘制 M3：

建门窗图层，前面已介绍建立过程，在此不赘述。修剪掉多余的线条后。

【绘图】→【直线】→单击墙体厚度中线→在正交状态下输入 900，回车。

【绘图】→【圆弧】→单击门扇下端点→输入 c，回车→单击门洞右侧墙线。绘制出门，见图 2-33。

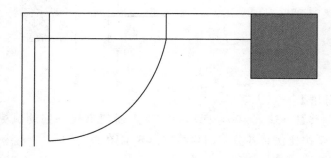

图 2-33　绘制 M3

（6）注写文字。

三、案例解析

利用 AutoCAD 软件绘制下列建筑门、窗图（图 2-34），不标注尺寸。操作指导如下：

limits

设置模型空间界限：

指定左下角点或［开（ON）/关（OFF）］＜0，0＞：

指定右上角点＜10000,8000＞：

layer

创建图层：轴线、墙体、门窗层

命令：_line 指定第一点：

指定下一点或［放弃（U）］：

指定下一点或［放弃（U）］：

画出水平、垂直两条定位轴线

命令：_offset

指定偏移距离或［通过（T）］＜120＞：3300

选择要偏移的对象或＜退出＞：

指定点以确定偏移所在一侧：

选择要偏移的对象或＜退出＞：

命令：OFFSET

指定偏移距离或［通过（T）］＜3300＞：4500

选择要偏移的对象或＜退出＞：

指定点以确定偏移所在一侧：

选择要偏移的对象或＜退出＞：

画出另外两条轴线

命令：_mlstyle

创建外墙11、内墙12、窗等三种多线样式

命令：_mline

当前设置：对正＝无，比例＝1.00,样式＝窗

指定起点或［对正(J)/比例(S)/样式(ST)］:st

输入多线样式名或［?］:11

当前设置：对正＝无，比例＝1.00,样式＝11

指定起点或［对正(J)/比例(S)/样式(ST)］:j

输入对正类型［上(T)/无(Z)/下(B)］＜无＞:z

当前设置：对正＝无，比例＝1.00,样式＝11

指定起点或［对正(J)/比例(S)/样式(ST)］:＜对象捕捉开＞1000从门洞开始

指定下一点：捕捉轴线交点

指定下一点或［闭合(C)/放弃(U)］:900（坐窗洞）

命令：MLINE

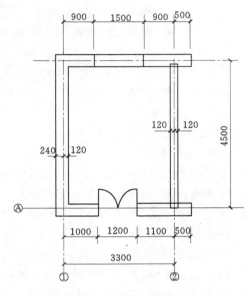

图 2-34　建筑门、窗示意图

当前设置：

对正＝无，比例＝1.00，样式＝11

指定起点或[对正(J)/比例(S)/样式(ST)]：

命令：MLINE

当前设置：对正＝无，比例＝1.00，样式＝11

指定起点或[对正(J)/比例(S)/样式(ST)]：＜极轴　开＞1500(右窗洞)

指定下一点或

[放弃(U)]：1400

命令：MLINE

当前设置：对正＝无，比例＝1.00，样＝11

指定起点或[对正(J)/比例(S)/样式(ST)]：＜极轴　开＞500

指定下一点或[放弃(U)]：1600(右门洞)

命令：MLINE

当前设置：对正＝无，比例＝1.00，样式＝11

指定起点或[对正(J)/比例(S)/样式(ST)]：st

输入多线样式名或[?]：12

当前设置：对正＝无，比例＝1.00，样式＝12

指定起点或[对正(J)/比例(S)/样式(ST)]：s

输入多线比例＜1.00＞：240

当前设置：对正＝无，比例＝240.00，样式＝12

指定起点或[对正(J)/比例(S)/样式(ST)]：捕捉外墙与内墙交点

指定下一点：捕捉外墙与内墙另一交点

指定下一点或[放弃(U)]：

命令：_mledit

选择第一条多线：T形打开

选择第二条多线：将内墙、外墙选中

选择第一条多线或[放弃(U)]：

选择第二条多线：选择第一条多线或[放弃(U)]：

命令：_line,指定第一点：画门

指定下一点或[放弃(U)]：从左门洞轴线处画600长的线

指定下一点或[放弃(U)]：

命令：_arc,指定圆弧的起点或

[圆心(C)]：指定圆弧的第二个点或[圆心(C)/端点(E)]：c,指定圆弧的圆心

指定圆弧的端点或[角度(A)/弦长(L)]：a,指定包含角：－90(完成圆弧绘制)

命令：_mirror,完成右侧门

选择对象：指定对角点：找到2个

选择对象：

指定镜像线的第一点：指定镜像线的第二点：

是否删除源对象？［是(Y)/否(N)］＜N＞：

命令：＊取消＊

命令：_mline 画窗

当前设置：对正＝无,比例＝240.00,样式＝12

指定起点或［对正(J)/比例(S)/样式(ST)］：st

输入多线样式名或［?］：窗

当前设置：对正＝无,比例＝240.00,样式＝窗

指定起点或［对正(J)/比例(S)/样式(ST)］：s

输入多线比例＜240.00＞：1

当前设置：对正＝无,比例＝1.00,样式＝窗

指定起点或［对正(J)/比例(S)/样式(ST)］：捕捉窗洞口

指定下一点或［放弃(U)］：

命令：_block 指定插入基点：将门做成块

选择对象：

指定对角点：找到 4 个(选择门)

按对话框提示内容操作

命令：_insert 插入块

指定插入点或［比例(S)/X/Y/Z/旋转(R)/预览比例(PS)/PX/PY/PZ/预览旋转(PR)］：_输入插入点及插入比例等

任务训练

完成《建筑工程图集》中某单身教师公寓首层平面图中其他门窗绘制。

知识拓展

(1) 能说出门窗的作用、类型和尺度。

(2) 能识读施工图中的门窗图。

考核评价

根据学生完成任务情况衡量学生掌握程度。

任务四　楼梯构造及平面图的识读与绘制

在项目一里我们了解了楼梯的基本构造,本项目详细介绍不同种类的楼梯和电梯。

任务讲解

一、现浇整体式钢筋混凝土楼梯构造

现浇钢筋混凝土楼梯的梯段和平台整体浇筑在一起,其整体性好、刚度大、抗震性好,不需要大型起重设备,但施工进度慢、耗费模板多、施工程序较复杂。

1. 板式楼梯

构造特点：板式楼梯的梯段分别与两端的平台梁整浇在一起，由平台梁支承。楼段相当于是一块斜放的现浇板，平台梁是支座［图 2-35 (a)］。为保证平台过道处的净空高度，可在板式楼梯的局部位置取消平台梁，形成折板式楼梯［图 2-35 (b)］。

适用情况：板式楼梯适用于荷载较小、建筑层高较小（建筑层高对梯段长度有直接影响）的情况，如住宅、宿舍建筑。梯段的水平投影长度一般不大于 3m。

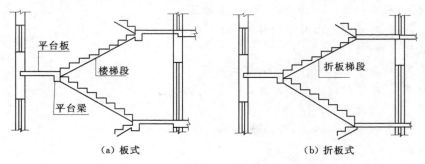

（a）板式　　　　　　　　　　　（b）折板式

图 2-35　现浇钢筋混凝土板式楼梯

2. 梁板式楼梯

构造特点：由踏步板、楼梯斜梁、平台梁和平台板组成，其中踏步板由斜梁支承，斜梁由两端的平台梁支承（图 2-36）。

（a）梯段两侧设斜梁　　　　　　　（b）梯段一侧设斜梁

图 2-36　梁板式楼梯

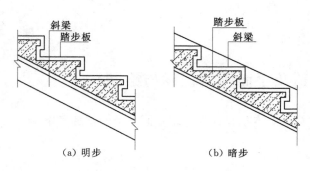

（a）明步　　　　　　　　　　　（b）暗步

图 2-37　明步楼梯与暗步楼梯

明步是指梁在踏步板下，踏步露明［图 2-37 (a)］；暗步是指梁在踏步板上面，下面平整，踏步包在梁内［图 2-37 (b)］。

二、电梯

电梯的设置条件：

（1）当住宅的层数较多（7 层及 7 层以上）或建筑从室外设计地面至最高楼面的高度超过 16m 以上时，应设置电梯。

（2）四层及四层以上的门诊楼或病房楼，高级宾馆（建筑级别较高）、多层仓库及商店（使用有特殊需要）等，也应设置电梯。

（3）高层及超高层建筑达到规定要求时，还要设置消防电梯。

（一）电梯的类型

（1）按电梯的用途分为乘客电梯、住宅电梯、病床电梯、客货电梯、载货电梯、杂物电梯。

（2）按电梯的拖动方式分为交流拖动（包括单速、双速、调速）电梯、直流拖动电梯、液压电梯。

（3）按消防要求分为普通乘客电梯和消防电梯。

（二）电梯的布置要点

（1）电梯间应布置在人流集中的地方，而且电梯前应有足够的等候面积，一般不小于电梯轿厢面积。供轮椅使用的候梯厅深度不应小于1.5m。

（2）当需设多部电梯时，宜集中布置，有利于提高电梯使用效率也便于管理维修。

（3）以电梯为主要垂直交通工具的高层公共建筑和12层及12层以上的高层住宅，每栋楼设置电梯的台数不应少于2台。

（4）电梯的布置方式有单面式和对面式。电梯不应在转角处紧邻布置，单侧排列的电梯不应超过4台，双侧排列的电梯不应超过8台。

（三）电梯的组成

电梯由井道、机房和轿厢三部分组成。

电梯井道是电梯轿厢运行的通道。电梯井道可以用砖砌筑，也可以采用现浇钢筋混凝土墙。砖砌井道一般每隔一段应设置钢筋混凝土圈梁，供固定导轨等设备用。电梯井道应只供电梯使用，不允许布置无关的管线。速度不低于2m/s的载客电梯，应在井道顶部和底部设置不小于600mm×600mm带百叶窗的通风孔。

机房一般设在电梯井道的顶部，面积要大于井道的面积。通往机房的通道、楼梯和门的宽度不应小于1.20m。机房机座下设弹性垫层外，还应在机房下部设置隔音层。

（四）消防电梯

1. 高层建筑设消防电梯的条件

（1）一类公共建筑。

（2）塔式住宅。

（3）12层及12层以上的单元式住宅或通廊式住宅。

（4）高度超过32m的其他二类公共建筑。

2. 消防电梯的设置要求

（1）消防电梯宜分别设在不同的防火分区内。

（2）消防电梯应设前室，前室面积：居住建筑不小于4.5m²、公共建筑不小于6.0m²；与防烟楼梯间共用前室时，居住建筑不小于6.0m²、公共建筑不小于10.0m²。

（3）消防电梯间前室宜靠外墙设置，在首层应设直通室外的出口或经过长度不超过30m的通道通向室外。

（4）消防电梯间前室的门应采用乙级防火门或具有停滞功能的防火卷帘。

（5）消防电梯的载重量不应小于800kg。

（6）消防电梯井、机房与相邻其他电梯井、机房之间，应采用耐火极限不低于2.00h的隔墙隔开，当在隔墙上开门时，应设甲级防火门。

（7）消防电梯的行驶速度，应按从首层到顶层的运行时间不超过60s计算确定。

（8）消防电梯轿厢的内装修应采用不燃烧材料。

（9）动力与控制电缆、电线应采取防水措施。

（10）消防电梯轿厢内应设专用电话，并应在首层设供消防队员专用的操作按钮。

（11）消防电梯间前室门口宜设挡水设施，井底应设排水设施，排水井容量不应小于2.00m³，排水泵的排水量不应小于10L/s。

（12）消防电梯可与载客或工作电梯兼用，但应符合消防电梯的要求。

（五）自动扶梯

尺寸和参数：自动扶梯的倾斜角不应超过30°，当提升高度不超过6m，额定速度不超过0.50m/s时，倾斜角允许增至35°；倾斜式自动人行道的倾斜角不应超过12°。宽度有600mm（单人）、800mm（单人携物）、1000mm、1200mm（双人）。自动扶梯与扶梯边缘楼板之间的安全间距应不小于400mm。交叉自动扶梯的载客能力很高，一般为每小时4000～10000人。

布置方式：并联排列式、平行排列式、串联排列式、交叉排列式（图2-38）。

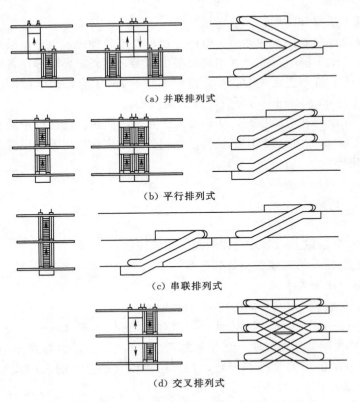

（a）并联排列式

（b）平行排列式

（c）串联排列式

（d）交叉排列式

图2-38　自动扶梯的布置方式

三、绘图

绘制《建筑工程图集》某单身教师公寓首层平面图楼梯（图2-39）。

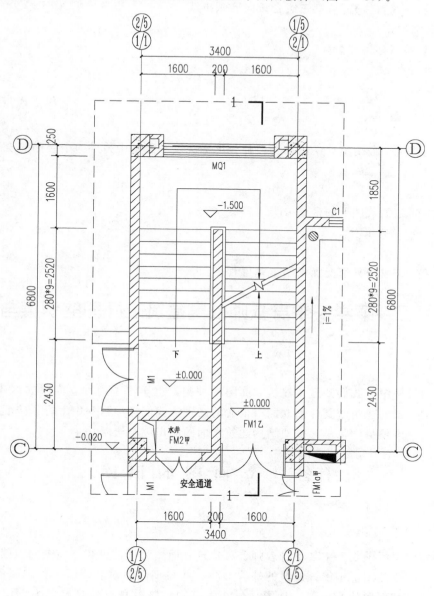

图2-39 首层平面图楼梯

在已经完成的定位轴线、墙体、门窗图形上按以下步骤完成图形，操作指导如下：

（1）画踏步：

【绘图】→【直线】：先将Ⓓ轴线向下偏移1850确定平台处的踏步的位置。

【修改】→【偏移】：将已画好的平台处的踏步线向下偏移280，偏移9次，绘制出9级踏步。

【修改】→【镜像】：将已画好的踏步线通过镜像到另一边。

（2）画剖断线：

【绘图】→【直线】：从第三级台阶向下画折线。

（3）画箭线：

【绘图】→【多段线】。

（4）注写文字。

此处从略。

任务训练

完成《建筑工程图集》中某单身教师公寓标准层平面图中另外一个楼梯的绘制。

知识拓展

了解不同施工条件下的楼梯分类。

考核评价

根据学生完成任务情况衡量学生掌握程度。

子项目二　某学校单身教师公寓建筑立面图的识读与绘制

任务导言

在子项目一中，我们知道了建筑立面图的种类，也学习了两种立面图的识读与绘制。不同的结构形式的建筑，其外形立面有很大的区别。我们在项目一中学习了砖混结构立面图的识读，在本项目中将学习框架结构建筑立面图的识读与绘制。

任务一　立　面　图　的　识　读

任务讲解

以《建筑工程图集》中某单身教师公寓建筑立面图为例，讲解立面图的识读。

（1）从正立面图上了解该建筑的外貌形状，并与平面图对照，深入了解屋面、名称、雨篷、台阶等细部形状及位置。从图 2－40 中可知，该单身教师公寓楼为六层，外挑阳台。屋面中心处为平屋面，四周为坡屋面。

（2）从立面图上了解建筑的高度。从图中看到，在立面图的左侧和右侧都注有标高，从左侧标高可知室外地面标高为－0.300，室内标高为±0.000，室内外高差 0.3m，每层阳台栏杆高度为 1.100m，阳台梁底距离楼面 500mm，因窗户高度为 2200mm，所以阳台以上 ML1 的高度为 1100mm。各层均与此相同。从右侧标高可知，平屋顶标高为18.000m，坡屋顶标高 20.200m，出屋楼梯顶标高为 21.800m，表示该建筑的总高为

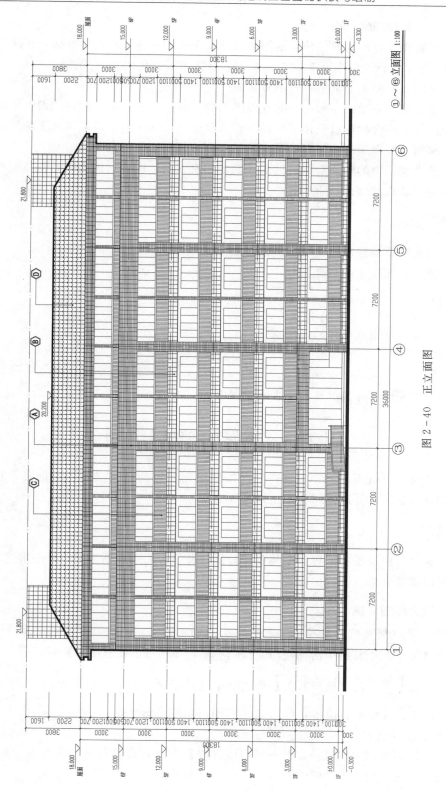

图 2 - 40　正立面图

18.00＋0.300＝18.300(m)。

(3) 了解建筑物的装修做法。从图中可知，A区为灰色外墙柔性面砖，B区为砖红色外墙柔性面砖，C区为蓝灰色氟碳喷涂栏杆，D区为蓝灰色屋面S型瓦。

(4) 了解立面图上的索引符号的意义。

(5) 了解其他立面图。如①～⑥立面图为背立面图，从图中可知该立面上主要反映公寓阴面的门窗、阳台栏杆以及楼梯间的外窗及其造型。Ⓐ～Ⓘ立面图反映了建筑物右侧面墙体、楼梯间、坡屋顶外装修做法及走廊尽头阳台栏杆造型。

(6) 建立建筑物的整体形状。读了平面图和立面图，应建立该建筑的整体形状，包括形状、高度、装修的颜色、质地等。

任务训练

(1) 识读某单身教师公寓中的其他立面图。

(2) 简述立面图中的总高。

知识拓展

了解立面图各组成部分的作用。

考核评价

根据学生完成任务情况衡量学生掌握程度。

任务二　建筑立面图绘制

本任务讲解 AutoCAD 2007 软件立面图的绘制，包括绘制立面图中的各种构件，墙体、门窗及阳台等，并进行尺寸标注和符号标注。

任务讲解

本任务以《建筑工程图集》中某单身教师公寓①～⑥立面图为例，详细讲述建筑立面图的绘制过程及方法。

一、设置绘图环境

1. 使用样板创建新图形文件

单击【标准】工具栏中的新建命令按钮 <kbd>▭</kbd>，弹出【创建新图形】对话框。单击使用样板命令按钮 <kbd>▯</kbd>，从【选择对象】列表框中选择子项—建立的样板文件"A3建筑图模板.dwt"，单击【确定】按钮，进入 AutoCAD 2007 绘图界面。

2. 设置绘图区域

单击下拉菜单栏中的【格式】→【图形界限】命令，设置左下角坐标为（0，0），指定右上角坐标为（84100，29700）。

3. 放大图框线和标题栏

单击【修改】工具栏中的缩放命令按钮 ⬚，选择图框线和标题栏，指定（0，0）点为基点，指定比例因子为 100。

4. 显示全部作图区域

在【标准】工具栏上的窗口缩放按钮 🔍 上按住鼠标左键，单击下拉列表中的全部缩放命令按钮 🔍，显示全部作图区域。

5. 修改标题栏中的文本

（1）在标题栏上双击鼠标左键，弹出【增强属性编辑器】对话框。

（2）在【增强属性编辑器】的【属性】选项卡下的列表框中顺序单击各属性，在下面的【值】文本框中依次输入相应的文本。

（3）单击【确定】按钮，标题栏文本编辑完成后如图 2-41 所示。

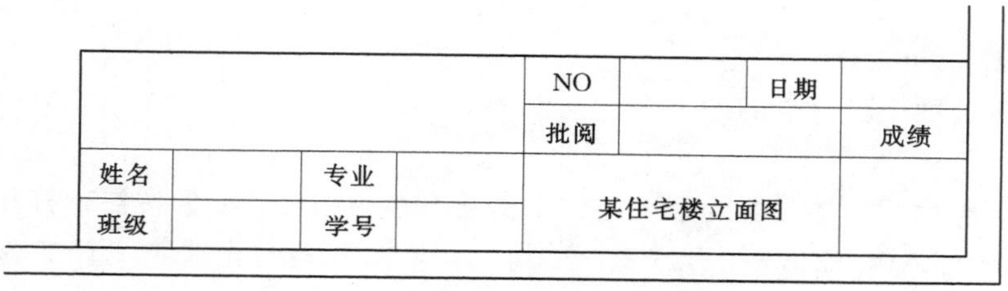

				NO		日期	
				批阅		成绩	
姓名		专业			某住宅楼立面图		
班级		学号					

图 2-41　编辑完成的标题栏文本

6. 修改图层

（1）单击【图层】工具栏中的图层管理器按钮 🗇，弹出【图层特性管理器】对话框，单击新建按钮 🗇，新建 2 个图层：辅助线、立面。

（2）设置颜色。设置辅助线层颜色为红色。

（3）设置线型。将"辅助线"层的线型设置为"CENTER2"，"立面"层的线型保留默认的"Continuous"实线型。

（4）单击【确定】按钮，返回到 AutoCAD 作图界面。

注意：本例在子项一所创建的样板"A3 建筑图模板.dwt"的基础上增加两个图层，在绘图时可根据需要决定图层的数量及相应的颜色与线型。

7. 设置线型比例

在命令行输入线型比例命令 LTS 并回车，将全局比例因子设置为 100。

注意：在扩大了图形界限的情况下，为使点画线能正常显示，须将全局比例因子按比例放大。

8. 设置文字样式和标注样式

本例使用"A3 建筑图模板.dwt"中的文字样式。"汉字"样式采用"仿宋_GB2312"字体，宽度比例设为 0.8，用于书写汉字；"数字"样式采用"Simplex.shx"字体，宽度比例设为0.8，用于书写数字及特殊字符。

单击下拉菜单栏中的【格式】→【标注样式】命令，弹出【标注样式管理器】对话框，选择"建筑"标注样式，然后单击【修改】命令按钮，弹出【修改标注样式：建筑】对话框，将【调整】选项卡中【标注特征比例】中的"使用全局比例"修改为100。单击【确定】按钮，返回【标注样式管理器】对话框，单击【关闭】按钮，完成标注样式的设置。

9. 完成设置并保存文件

利用【图层】工具栏中的图层列表框 ⚪○💡◎🔒 ■辅助线 ▾，关闭"标题栏"层，然后单击【标准】工具栏中的保存命令按钮 💾，打开【图形另存为】对话框。输入文件名称"①～⑥立面图"，单击【图形另存为】对话框中的【保存】命令按钮保存文件。

至此，绘图环境的设置已基本完成，这些设置对于绘制一幅高质量的工程图纸而言非常重要。

二、绘制辅助线

(1) 打开前面中已存盘的"①～⑥立面图.dwg"文件，进入AutoCAD 2007的绘图界面。

(2) 将"辅助线"层设置为当前层。单击状态栏中的【正交】按钮，打开正交状态。

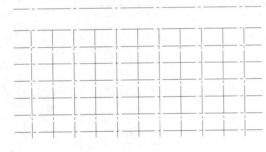

图2-42　绘制辅助线

(3) 通过单击【绘图】工具栏中的直线命令按钮 ✏，执行直线命令，在图幅内适当的位置绘制水平基准线和竖直基准线。

(4) 按照图中的尺寸，利用偏移命令，绘制出全部辅助线（图2-42）。

注意：竖直方向辅助线也可利用已完成的平面图来绘制。先将平面图以块的方式插入到当前图形中，然后利用其轴线和边界线或其他特征点完成竖直辅助线的绘制。

三、绘制底层和标准层立面

(一) 绘制底层和标准层的轮廓线

(1) 将"立面"图层设为当前层，单击状态栏中的【对象捕捉】按钮，打开对象捕捉方式，然后设置捕捉方式为"端点"和"交点"方式。

(2) 绘制地坪线。单击【绘图】工具栏中的多段线命令按钮 🔲，捕捉水平基准线的左端点A作为起点输入w并回车设置线宽为50，捕捉水平基准线的右端点D键结束命令。

(3) 绘制底层和标准层的轮廓线。空格键重复多段线命令，捕捉辅助线的左下角交点B作为起点，输入w并回车设置线宽为30，依次捕捉辅助线相应交点E、F、C键结束命令。绘制好的底层和标准层轮廓线如图2-43所示。

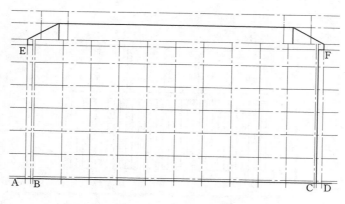

图 2-43　绘制轮廓线

（二）绘制底层和标准层的窗

在绘制窗之前，先观察一下这栋建筑物上一共有多少种类的窗户，在 AutoCAD 2007 作图的过程中，每种窗户只需作出一个，其余都可以利用 AutoCAD 2007 的复制命令或阵列命令来实现。绘制窗户的步骤如下：

（1）将"立面"层设为当前层，同时将状态栏中的【对象捕捉】按钮打开，选择"交点"和"垂足"捕捉方式。

（2）绘制底层最左面的窗：

1）绘制窗户的外轮廓线。单击【绘图】工具栏中的矩形命令按钮 ▭，捕捉辅助线上窗左下角点的位置 G 一个角点的位置，输入窗外轮廓线右上角的相对坐标@2200，2200，回车完成的窗户外轮廓线 HIJG 的绘制。同样的方法绘制出阳台如图 2-44 所示。

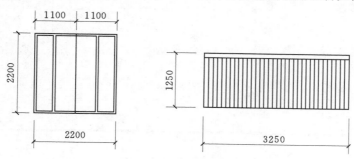

图 2-44　绘制窗

2）绘制内轮廓线。单击【修改】工具栏中的偏移命令按钮 ▱，输入偏移距离 80 并回车，然后选择窗外轮廓线 HIJG（图 2-45）侧偏移，空格键结束命令。完成的窗户内轮廓线如图 2-45 所示。

（3）阵列出立面图中各层窗和阳台。单击【修改】工具栏中的阵列命令按钮 ▦，弹出【阵列】对话框，单击选择对象按钮 ▣，框选前面绘制的两个窗，单击鼠标右键返回到【阵列】对话框。

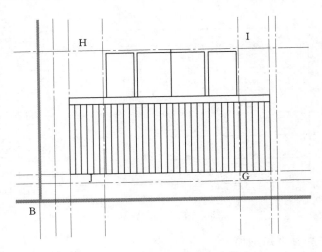

图 2-45　底层最左侧的窗和阳台

然后单击【确定】按钮，完成后如图 2-46 所示。

图 2-46　绘制窗和阳台

（三）绘制立面图中各层墙体

由建筑平面图可知，①、⑥轴上墙体宽度为 800，②、⑤轴上墙体宽度为 700，③、④轴上墙体宽度为 500，其他地方墙体宽度为 200。据此，可利用偏移命令绘制出各段墙体。并利用填充命令填充各段墙体，如图 2-47 所示。

（四）填充立面图中屋檐及楼梯间

利用图案填充命令完成屋檐及楼梯间

（1）单击【绘图】工具栏中的图案填充命令按钮 ![icon]，弹出【图案填充和渐变色】对

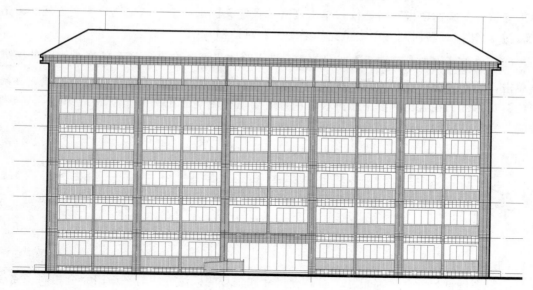

图 2-47 绘制墙体

话框，如图 2-48 所示。选择好填充的图案，点击 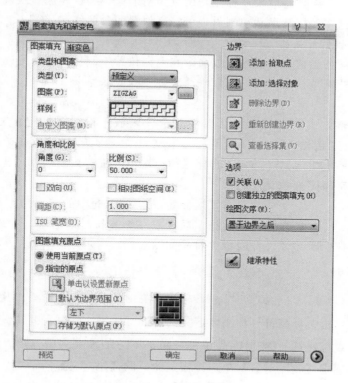 添加:拾取点 。

图 2-48 填充界面

（2）单击【图案】下拉列表后面的按钮 ，或者单击【样例】后面的填充图案，弹出【填充图案选项板】对话框,单击【其他预定义】选项卡,从中选择图案。然后单击【确定】按钮,重新回到【图案填充和渐变色】对话框。

(3) 单击【添加:拾取点】按钮 ,进入绘图界面。在需要填充的多个闭合的区域内单击,选择填充区域完毕后,按回车键或单击右键结束选择,重新弹出【图案填充和渐变色】对话框。在【比例】下拉列表框中修改要填充图案的比例为43,最后单击【确定】按钮,完成图案的填充,填充结果如图2-49所示。

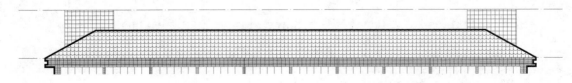

图 2-49　填充后的屋面

(五) 尺寸标注

立面图细部尺寸、层高尺寸、总高度尺寸和轴号的标注方法与平面图完全相同,完成这几项标注后的立面图。下面仔细讲解标高的标注方法。

1. 绘制标高参照线

关闭"辅助线"层,将"尺寸标注"层设为当前层,综合应用直线命令、修剪命令和偏移命令,根据已知的标高尺寸绘制出表示标高位置的参照线。

2. 创建带属性的标高块

(1) 将0层设为当前层,利用直线命令在空白位置绘制出标高符号。

(2) 单击下拉菜单栏中的【绘图】→【块】→【定义属性】命令,弹出【属性定义】对话框。

(3) 在【属性定义】对话框的【属性】选项区域中设置【标记】文本框为"BG"、【提示】文本框为"请输入标高"、【值】文本框为"%%p0.000"。选择【插入点】选项区域中的【在屏幕上指定】复选框。选择【锁定块中的位置】复选框。在【文字选项】选项区域中设置文字高度为300。

(4) 单击【属性定义】对话框中的【确定】按钮,返回到绘图界面,然后指定插入点在标高符号的上方,完成"BG"属性的定义。此时标高符号如图2-50所示。

图 2-50　定义属性后的标高符号

(5) 单击【绘图】工具栏中的【创建块】命令按钮 ,弹出【块定义】对话框,输入块名称为"bg",单击选择对象按钮 ,退出【块定义】对话框返回到绘图方式,框选标高符号和刚才定义的属性"BG",单击右键又弹出【块定义】对话框,单击拾取点按钮 ,捕捉标高符号三角形下方的顶点为插入点,又返回到【块定义】对话框,再选中【删除对象】单选按钮,此时的【块定义】对话框。

(6) 单击【块定义】对话框中的【确定】按钮,返回到绘图界面,所绘制的标高符号被删除。定义完带属性的标高块,名为"bg"。

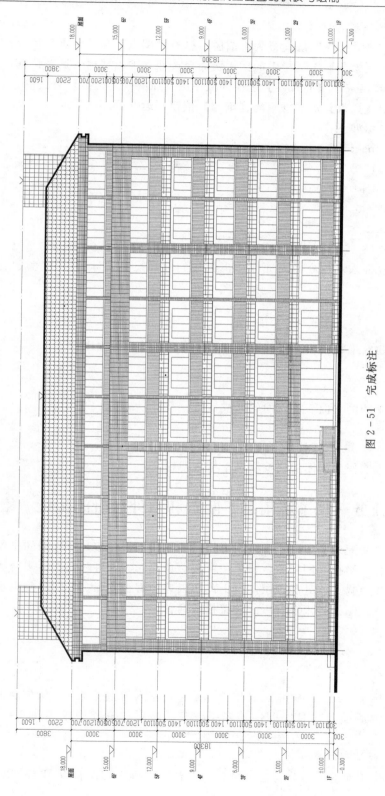

图 2 - 51　完成标注

3. 插入标高块，完成标高标注

(1) 将"尺寸标注"层设置为当前层。打开"端点"和"中点"捕捉方式。

(2) 单击【绘图】工具栏中的插入块命令按钮，弹出【插入】对话框，在名称下拉列表中选择"bg"，选中【插入点】选项区域中的【在屏幕上指定】复选框。

(3) 单击【插入】对话框中的【确定】按钮，返回到绘图界面。

命令行提示如下：

命令：_ insert

指定插入点或［基点（B）/比例（S）/X/Y/Z旋转（R）/预览比例（PS）/PX/PY/PZ/预览旋转（PR）］：

//捕捉到—0.600标高参照线的中点

输入属性值

请输入标高＜? .000＞：—0.600 //输入属性值—0.600后回车

回车重复插入块命令，同理标注出其他的标高尺寸。标高标注完成后的立面图如图2—51所示。

任务训练

完成《建筑工程图集》中某单身教师公寓建筑其他立面图绘制。

知识拓展

立面图中的侧立面、背立面的形成。

考核评价

根据学生制作立面图的依据衡量学生掌握程度。

任务三　了解雨篷、阳台和室外台阶的构造、绘制

阳台是楼房建筑中不可缺少的室内外过渡空间。阳台按其与外墙的位置关系可分为挑阳台、凹阳台与半挑半凹阳台，住宅阳台按照功能的不同可分为生活阳台和服务阳台。

雨篷是建筑物人口处和顶层阳台上部用以遮挡雨水、保护外门免受雨水侵蚀的水平构件。按结构形式不同，雨篷有板式和梁板式两种。

任务讲解

一、阳台

阳台悬挑于建筑物每一层的外墙上，是连接室内的室外平台。给楼层上的居住人员提供一定的室外活动与休息空间，是多层住宅、高层住宅和旅馆等建筑中不可缺少的一部分。

1. 阳台的类型与尺寸

按其与外墙面的关系分为挑阳台、凹阳台、半挑半凹阳台（图2—52）。阳台由承重

梁、板和栏杆组成。

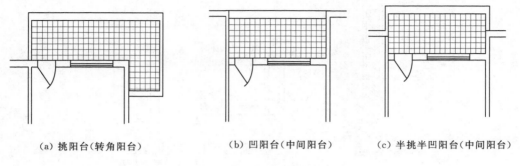

（a）挑阳台（转角阳台）　　　　　（b）凹阳台（中间阳台）　　　　（c）半挑半凹阳台（中间阳台）

图 2-52　阳台的类型

阳台平面尺寸的确定涉及建筑使用功能和结构的经济性和安全性。阳台悬挑尺寸大，使用空间大，但遮挡室内阳光，不利于室内采光和日照；并且悬挑长度过大，在结构上不经济。一般悬挑长度为 1.2～1.5m 为宜，过小不便使用，过大增加结构自重。阳台宽度通常等于一个开间，方便结构处理。

2. 阳台结构布置方式

（1）挑梁式。即从承重墙内外伸挑梁，其上搁置预制楼板，阳台荷载通过挑梁传给承重墙。这种结构布置简单、传力直接明确，但由于挑梁尺寸较大，阳台外形笨重。为美观起见，可在挑梁端头设置面梁，既可以遮挡挑梁头，又可以承受阳台栏杆重量，还可以加强阳台的整体性。

（2）挑板式。是利用阳台板的楼板向外悬挑一部分。这种阳台构造简单，造型轻巧。但阳台与室内楼板在同一标高，雨水易进入室内。挑板厚度不小于挑出长度的 1/12。

3. 阳台的细部构造

（1）阳台栏杆和扶手。阳台栏杆是设置在阳台外围的保护设施，主要供人们扶倚之用，以保障人身安全。高度一般为 1.0～1.2m，栏杆间净距不大于 120mm。按栏杆的立面形式有实体、空花和混合式（图 2-53）。

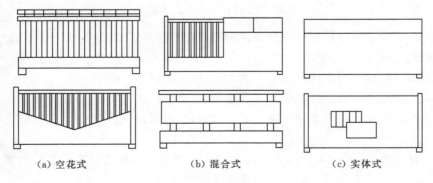

（a）空花式　　　　　　　（b）混合式　　　　　　　（c）实体式

图 2-53　阳台栏杆形式

阳台栏杆按材料分为砌砖、钢筋混凝土和金属栏杆。

砖砌栏板［图 2-54（a）］一般为 60mm 或 120mm 厚。由于砖砌栏板自重大，整体

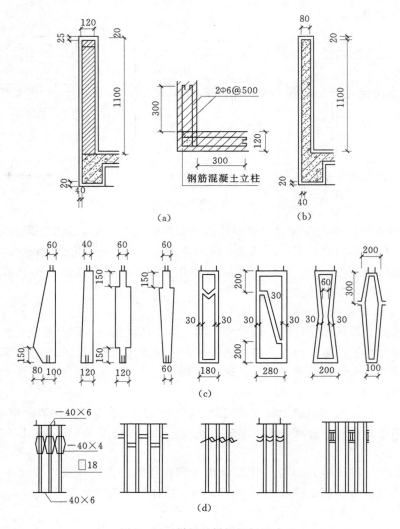

图 2-54　栏板及栏杆细部尺寸

性差，为保证安全，常在栏板中设置通常钢筋或在外侧固定钢筋网，并采用现浇扶手增强其整体稳定性［图 2-55（a）］。

　　钢筋混凝土栏板［图 2-54（b）］为现浇和预制两种。现浇栏板厚 60～80mm，用 C20 细石混凝土现浇［图 2-55（b）］；预制栏杆［图 2-54（c）］下端预埋铁件连接，上端伸出钢筋可与面梁和扶手连接［图 2-55（c）］，因其耐久性和整体性较好，应用较为广泛。

　　金属栏杆［图 2-54（d）］一般采用方钢、圆钢或扁钢焊接成各种形式的镂花，与阳台板中预埋件焊接或直接插入阳台板的预留孔洞中连接［图 2-55（e）］。

　　（2）阳台排水。为防止雨水倒灌室内，必须采取一些排水措施。阳台排水有外排水和内排水两种。外排水适用于低层和多层建筑，即在阳台外侧设置泄水管将水排出。泄水管可采用 $\phi40～\phi50$ 镀锌铁管和塑料管。外挑长度不少于 80mm，以防雨水溅到下层阳台

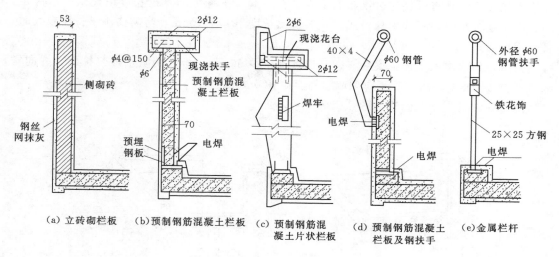

图 2-55　栏杆及扶手构造

[图 2-56 (a)]。内排水适用于高层建筑和高标准建筑，即在阳台内侧设置排水立管和地漏，将雨水直接排入地下管网，保证建筑立面美观 [图 2-56 (b)]。

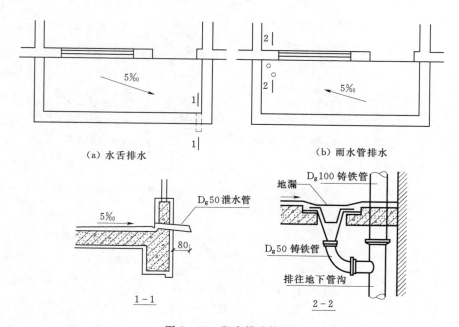

图 2-56　阳台排水构造

二、雨篷

雨篷位于建筑物出入口的上方，用来遮挡雨雪，给人们提供一个从室外到室内的过渡空间，并起到保护门和丰富建筑立面的作用。

雨篷受力作用与阳台相似，均为悬臂构件，雨篷一般由雨篷板和雨篷梁组成。为防止雨篷可能倾覆，常将雨篷与过梁或圈梁浇筑在一起。雨篷板的悬挑长度由建筑要求决定，当悬挑长度较小时，可采用悬板式，一般挑出长度不大于1.5m。当需要挑出长度较大时，可采用挑梁式。

　　为防止雨水渗入室内，梁面必须高出板面至少60mm，板面用防水砂浆抹面，并向排水口做出1‰坡度，防水砂浆应顺墙上卷至少300mm。

　　雨篷的常见类型及做法如图2-57所示。

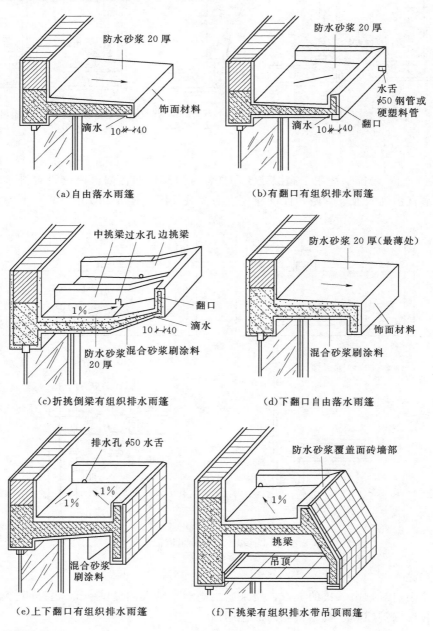

图 2-57　雨篷类型及做法

三、台阶与坡道

（一）台阶的概述

台阶由踏步和平台组成。其形式有单面踏步式、三面踏步式等。台阶坡度较楼梯平缓，每级踏步高为 100～150mm，踏面宽为 300～400mm。当台阶高度超过 1m 时，应设护栏设施。

坡道多为单面坡形式，极少三面坡的，坡道坡度应以有利于推车通行为佳，一般为 1/10～1/8，也有 1/30 的。还有一些大型公共建筑，为考虑汽车能在大门入口处通行，常采用台阶与坡道相结合的形式，台阶与坡道的形式见图 2-58，台阶与坡道的实例见图 2-59、图 2-60。

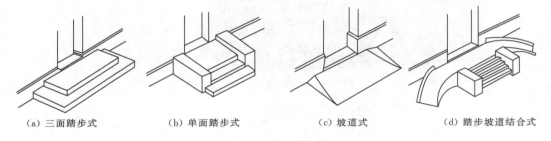

（a）三面踏步式　　　　（b）单面踏步式　　　　（c）坡道式　　　　（d）踏步坡道结合式

图 2-58　台阶与坡道的形式

台阶与坡道的实例见图 2-59 和图 2-60。

图 2-59　台阶实例

图 2-60　坡道实例

（二）台阶构造

台阶构造与地坪构造相似，由面层和结构层构成。结构层材料应采用抗冻、抗水性能好且质地坚实的材料，常见的台阶基础有就地砌造、勒脚挑出、桥式三种。台阶踏步有砖砌踏步、混凝土踏步、钢筋混凝土踏步、石踏步四种，台阶构造如图 2-61 所示。

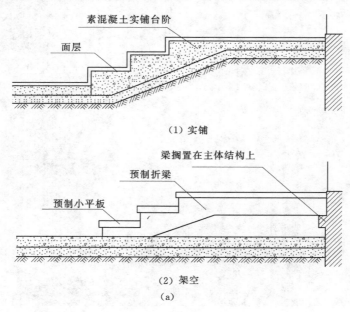

（1）实铺

（2）架空

（a）

图 2-61（一）　台阶构造

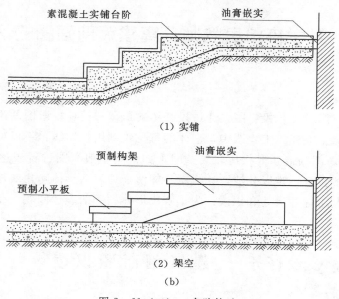

（1）实铺

（2）架空

（b）

图 2-61（二）　台阶构造

（三）坡道构造

坡道材料常见的有混凝土或石块等，面层亦以水泥砂浆居多，对经常处于潮湿、坡度较陡或采用水磨石作面层的，在其表面必须作防滑处理，坡道构造如图 2-62 所示。

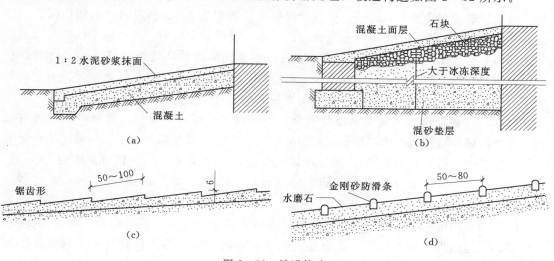

图 2-62　坡道构造

任务训练

观察周围建筑的阳台、雨篷和室外台阶的构造。

考核评价

用本任务的知识画出自己观察建筑的阳台、雨篷和室外台阶的构造形式。

子项目三　某学校单身教师公寓建筑剖面图的识读与绘制

任务导言

在项目一学过了三面正投影图，通过投影图的识读和简单投影图的绘制。已经有了基本阅读和绘图能力。在建筑工程图中，形体的可见轮廓用粗实线，不可见轮廓线用虚线表示，当建筑形体 内部构造和形状比较复杂时，如采用一般视图进行表达，在投影图中会有很多虚线与实线重叠，难以分清，这样就不能清晰地表达形体，建筑材料的性质也无法表达清楚，也不利于标注尺寸和识读，为了解决形体内部的表达问题，制图标注中用剖面图来表示。

任务一　建筑剖面图识读

任务讲解

以《建筑施工图集》中某单身教师公寓 2－2 剖面图为例讲解剖面图的识读。

（1）剖切符号的识读。本图中剖切符号在一层平面图中⑮轴和⑥轴之间，剖切符号中将两条短划线连接成一条直线，该直线经过的位置即为 2－2 剖面图中的剖切位置；另外两条短划线即为该剖面图形成的投影方向，本图投影方向向右。由一层平面图可知剖切是从①轴开始，先剖切的①轴上的墙体和窗，然后向前剖切到楼梯的第一跑，然后是ⓒ轴、Ⓑ轴、Ⓐ轴上的墙体、门窗和阳台上的栏杆等构件。另外，各层楼地面及屋面也被剖切到。未被剖切到的有走廊尽头的栏杆及楼梯间的栏杆扶手等。

（2）2－2 剖面图表明该公寓楼是地上六层，地下一层；平屋顶，屋顶上四周为坡屋顶，两个楼梯间是伸出屋面。楼梯间屋顶标高为 21.3m，屋顶标高为 18m，坡屋顶坡度为50%，建筑的层高为 3m。一到六层楼梯每梯段均为 10 级踏步，每个踏步高度为 150mm，踏步宽度为 280mm。地下一层楼梯第一梯段为 10 级踏步，第二级踏步 17 级，每级踏步高为 150mm，踏步宽度为 280mm。

（3）图中用粗实线表示的均为被剖切到的钢筋混凝土构件，包括楼板、梁、屋面板、楼面板、楼梯踏步、剪力墙等。图中细实线表示未被剖切到的结构构件、门窗、尺寸标注、文字等。

任务训练

识读《建筑工程图集》中某学校单身教师公寓 1－1 剖面图。

考核评价

根据学生完成任务情况进行考核。

任务二 建筑剖面图绘制

任务讲解

本任务以《建筑施工图集》中某单身教师公寓 2－2 剖面图为例来进行 AutoCAD 2007 软件的绘图讲解，包括绘制剖面图中的各种构件，墙体、楼板、楼梯、门窗及阳台等；进行尺寸标注和符号标注。

一、设置绘图环境
同子项目二。

二、剖面图的绘制
建筑剖面图中的图线多以水平和铅垂线为主。绘制时应根据各平面图中建筑特征点、定位轴线、平面尺寸及标高等绘制基准线和辅助线。

（一）绘制辅助线
（1）新建"辅助线"层并设置为当前图层。单击状态栏中的【正交】按钮，打开正交状态。

（2）通过单击【绘图】工具栏中的直线命令按钮 ，执行直线命令，在图幅内适当的位置绘制基准线±0.000 线和①轴线。

（3）按照图中的轴线间距和标高标注，利用偏移命令，绘制出全部辅助线（图 2－63）。

（二）绘制各层剖面图
（1）绘制各层墙体。将"剖面墙体"图层设为当前层，单击状态栏中的【对象捕捉】按钮，打开对象捕捉方式，然后设置捕捉方式为"端点"和"交点"方式。

（2）从平面图中了解墙体与定位轴线的尺寸关系，绘制出①～④轴线上的墙体。注意①轴上的墙体厚度与柱截面高度一致。如

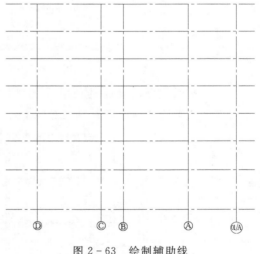

图 2－63 绘制辅助线

图 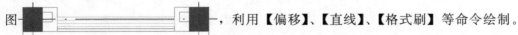，利用【偏移】、【直线】、【格式刷】等命令绘制。

【修改】→【偏移】→输入偏移距离 250，回车→选择①轴→移动鼠标在①轴任意右侧单击，回车。重复此命令，移动鼠标在①轴任意左侧单击。

（3）新建墙体图层并置为当前。【绘图】→【直线】→指定任意起点→打开正交，指定下一点，绘制出一条水平线。

【标准】→【特性匹配 】→单击用墙体图层绘制的直线→单击偏移在①轴两侧的

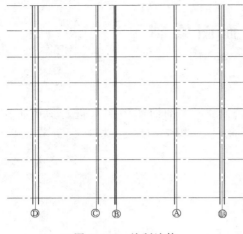

图 2-64　绘制墙体

直线。完成①轴墙体绘制。其他轴线上墙体绘制方法相同。绘制时请注意墙线与定位轴线的关系。得到图 2-64。

（三）绘制地下室各构件

（1）绘制地下室底板、墙体、梁。根据结施图知地下室地面厚度为 300mm，楼地面厚度为 120mm。墙体厚度为 300mm。各层框架梁高为 700mm，一层阳台下地下室梁高为 1000mm，楼梯梁高为 500mm，楼梯平台梁和板，阳台处梁高为 450mm。

根据以上尺寸，利用【绘图】→【直线】或【修改】→【偏移】、【修剪】、【延伸】等命令绘制出图形，【标准】→【特性匹配　】然后再用【绘图】→【图形填充】完成地下室地面、梁的填充（图 2-65）。

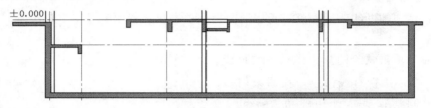

图 2-65　填充地下室地面梁

将地下室梁顶板、梁通过利用【复制】命令复制到各个楼层。最后将未被剖切到的柱、梁可见轮廓线用【绘图】→【直线】命令绘制补充完整（图 2-66）。

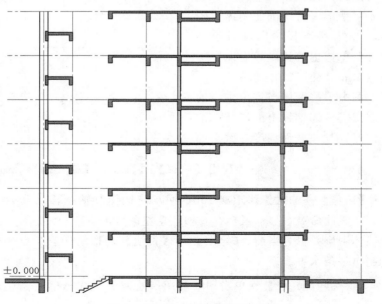

图 2-66　复制地下室梁顶板梁

（2）绘制楼梯。先利用【直线】绘制出一级踏步
（280×150），再利用【复制】命令绘制出其他踏步。

【绘图】→【直线】→正交状态，单击任意一点→
水平方向，输入280→竖直方向，输入150。

【修改】→【复制】→选择踏步→以踏步端点我基
点→连续复制踏步10次。得到地下室第一跑楼梯（图
2-67）。

图2-67 绘制第一跑楼梯

同法可绘制出第二跑楼梯。注意第二跑楼梯的数量为17级（图2-68）。

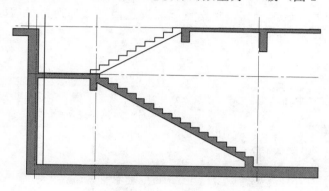

图2-68 绘制第二跑楼梯

同法绘制第一到第六层楼梯，绘制时注意楼梯踏步级数为20级。

（四）绘制各层门窗

在绘制窗之前，先观察一下这栋建筑物上一共有多少种的窗户，在AutoCAD 2007作
图的过程中，每种窗户只需作出一个，其余都可以利用AutoCAD 2007的复制命令或阵列
命令来实现。

绘制窗户的步骤如下：

（1）将"剖面"层设为当前层，同时将状态栏中的【对象捕捉】按钮打开，选择"交
点"和"垂足"捕捉方式。

（2）绘制底层①轴上的窗：

1）绘制窗户的外轮廓线。单击【修改】工具栏中的矩形命令按钮，捕捉辅助线
上窗左下角点的位置一个角点的位置，输入窗外轮廓线右上角的相对坐标@200，17300，
回车，完成窗户外轮廓线的绘制。

2）绘制内轮廓线。单击【修改】→【分解】命令按钮→点选所画的矩形，完成
分解。【修改】→【偏移】→输入80，回车→点选已分解的矩形的右侧竖线→光标移向左
侧，单击。

（3）同法绘制○轴上的窗：

1）绘制窗户的外轮廓线。单击【修改】工具栏中的矩形命令按钮，捕捉辅助线
上窗左下角点的位置一个角点的位置，输入窗外轮廓线右上角的相对坐标@200，2200，

回车完成的窗户外轮廓线的绘制。

2）绘制内轮廓线。单击【修改】→【分解】命令按钮 ![icon]→点选所画的矩形，完成分解。【修改】→【偏移】→输入 80，回车→点选已分解的矩形的右侧竖线→光标移向左侧，单击。

（4）同法绘制出Ⓑ轴、Ⓐ轴上的门窗。利用【修改】→【阵列】将底层已绘制门窗全部复制到各层。

单击【修改】工具栏中的阵列命令按钮 ![icon]，弹出【阵列】对话框，单击选择对象按钮 ![icon]，框选已绘制的一层三个窗，单击鼠标右键返回到【阵列】对话框，在【阵列】对话框中数据设置如图 2-69 所示。

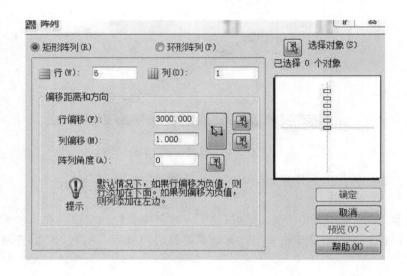

图 2-69　"阵列"对话框

然后单击【确定】按钮，完成后如图 2-70 所示。

（五）绘制楼梯

根据楼梯详图中标出的尺寸可知：地下室楼梯为双跑楼梯，第一跑为 10 级踏步，第二跑为 10 级踏步，每级踏步高为 150mm，宽为 280mm。

（1）建立楼梯图层，并将其设为当前图层。同时将状态栏中的【对象捕捉】和【正交】按钮打开，选择"交点"和"垂足"捕捉方式。

（2）绘制第一跑楼梯。【绘图】→【直线】→任意点击一点作为起点→移动光标，使所画直线成铅垂线→输入 150mm→移动光标，使直线成水平线→输入 280mm，完成一级踏步的绘制。重复此操作绘制出 10 级踏步。

（3）单击【修改】工具栏中的阵列命令按钮 ![icon]，弹出【阵列】对话框，单击选择对象按钮 ![icon]，框选已绘制的一层三个窗，单击鼠标右键返回到【阵列】对话框，【阵列】对话框中数据设置如图 2-69 所示。绘制完成的楼梯如图 2-71 所示。

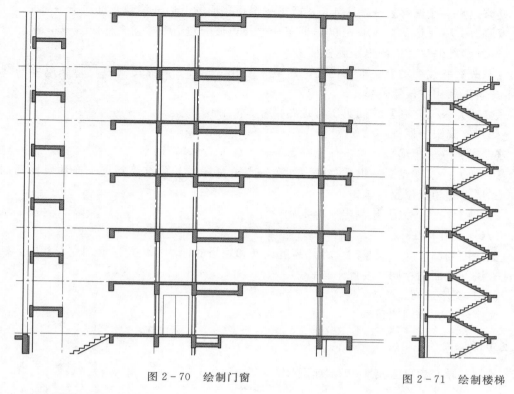

图 2-70　绘制门窗　　　　　　　　　　　　图 2-71　绘制楼梯

（六）绘制屋顶

由图 2-72 可知，楼梯间屋顶出屋面高为 500mm，屋顶为坡屋面，高为 2100mm。根据详图所示尺寸，再利用前面已介绍过的【绘图】、【修改】工具栏中的各个命令即可绘制出本图的屋顶。对于未被剖切到的坡屋顶线及楼梯间屋檐顶线，可利用【绘图】→【直线】命令绘制。

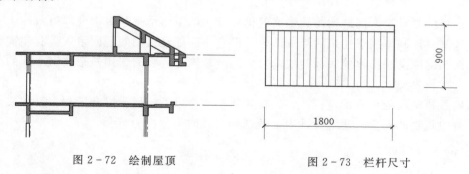

图 2-72　绘制屋顶　　　　　　　　　　图 2-73　栏杆尺寸

（七）绘制走廊、阳台栏杆

（1）绘制走廊栏杆。结合建筑平面图可知，走廊栏杆高为 900mm，长为 1800mm（图 2-73）。

【绘图】→【矩形】→单击任意一点→输入@1800，900，回车。

【修改】→【分解】→单击矩形。

【修改】→【偏移】→输入 100，回车→选择矩形的上边→移动光标向下→单击。

【修改】→【偏移】→输入 90，回车→选择矩形的左边→移动光标向右→单击。

重复多次偏移，绘制出走廊栏杆。

【修改】→【移动】→框选栏杆，回车→点击栏杆右下角点为基点→拖动鼠标到剖面图中二层走廊相应位置，单击。

【修改】→【阵列】绘制出所有走廊栏杆。

（2）绘制阳台栏杆：

【绘图】→【矩形】→单击任意一点→输入@50，900，回车。

【修改】→【移动】→框选栏杆，回车→点击栏杆左下角点为基点→拖动鼠标到剖面图中二层走廊相应位置，单击。

【修改】→【阵列】绘制出所有走廊栏杆。

（八）尺寸标注

剖面图细部尺寸、层高尺寸、总高度尺寸和轴号的标注方法与平面图完全相同，标高标注方法与立面图相同，在此不再赘述。

（九）文字注写

文字注写方法同项目一。

任务训练

绘制某单身教师公寓 1-1 剖面图。

考核评价

根据学生完成任务情况进行考核。

任务三　了解基础的基本知识

基础指的是承受上部结构荷载影响的构件。基础下面承受建筑物全部荷载的土体或岩体称为地基。地基不属于建筑的组成部分，但它对保证建筑物的坚固耐久具有非常重要的作用。而基础原义是指建筑底部与地基接触的承重构件，它的作用是把建筑上部的荷载传给地基。

基础是建筑物的主要承重构件，处在建筑物地面以下，属于隐蔽工程。基础质量的好坏关系着建筑物的安全。建筑设计中合理选择基础的类型极为重要。

任务讲解

一、浅基础

浅基础根据它的形状和大小可分为独立基础、条形基础（包括十字交叉条形基础）、筏板基础、箱形基础、壳体基础等，根据基础材料分为刚性基础和柔性基础。

1. 刚性基础

刚性基础材料有砖、块石、毛石、素混凝土、三合土和灰土等，材料性能特点是抗压强度高，抗拉强度及抗剪强度低。

　　刚性基础在构造上要求基础的外伸宽度和基础高度的比值（台阶宽高比）不超过规定的允许值，适用于六层和六层以下的（三合土基础不超过四层）一般民用建筑和墙承重的厂房。

　　刚性基础可分为墙下刚性条形基础［图 2-74（a）］和柱下刚性独立基础［图 2-74（b）］。

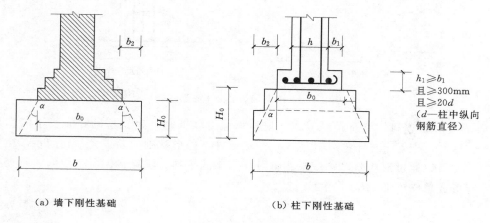

（a）墙下刚性基础　　　　　　　　　　（b）柱下刚性基础

图 2-74　刚性基础的分类

　　2. 柔性基础

　　柔性基础材料为钢筋混凝土。在基础内配置足够的钢筋来承受拉应力和弯矩，使基础在受弯时不致破坏，因而不受台阶宽高比的限制，可以做成扁平形状。

　　根据柔性基础的形状和大小可进一步划分为独立基础、条形基础（包括十字交叉条形基础）、筏板基础、箱形基础及壳体基础等。

　　（1）钢筋混凝土独立基础。主要是柱下基础，通常有现浇台阶形基础［图 2-75（a）］，现浇锥形基础［图 2-75（b）］和预制柱的杯口形基础［图 2-75（c）］。杯口形基础又可分为单肢和双肢杯口形基础、低杯口形基础和高杯口形基础。轴心受压柱下基础的底面形状为正方形，而偏心受压柱下基础的底面形状为矩形。

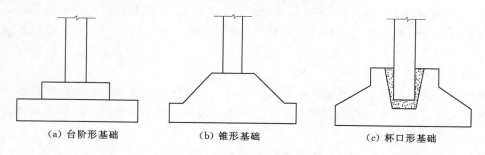

（a）台阶形基础　　　　　（b）锥形基础　　　　　（c）杯口形基础

图 2-75　钢筋混凝土独立基础

　　（2）钢筋混凝土条形基础。条形基础可进一步分为墙下钢筋混凝土条形基础、柱下钢筋混凝土条形基础以及十字叉钢筋混凝土条形基础。

1）墙下钢筋混凝土条形基础。根据受力条件可分为：不带肋和带肋两种（图2-76）。通常只考虑基础横向受力发生破坏，设计时，可沿长度方向取按平面应变问题进行计算。

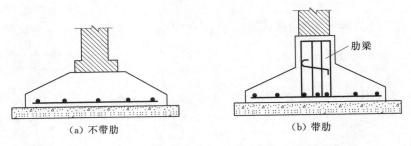

（a）不带肋　　　　　　　　　（b）带肋

图2-76　墙下钢筋混凝土条形基础

2）柱下条形基础。上部荷载较大，地基承载力较低时，独立基础底面积不能满足设计要求。这时可把若干柱子的基础连成一条构成柱下条形基础，以扩大基底面积，减小地基反力，并可以通过形成整体刚度来调整可能产生的不均匀沉降。把一个方向的单列柱基连在一起形成单向条形基础（图2-77）。

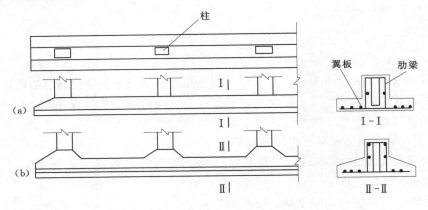

图2-77　单向条形基础

3）十字交叉条形基础（双向条形基础、交梁基础）。上部荷载较大，采用单向条形基础仍不能满足承载力要求时，可以把纵横柱基础均连在一起，成为十字交叉条形基础（图2-78）。

3. 筏板基础（片筏基础）

当地基承载力低，而上部结构的荷载又较大，以致十字交叉条形基础仍不能提供足够的底面积来满足地基承载力的要求时，可采用钢筋混凝土满堂板基础，这种平板基础称为筏板基础。

筏板基础具有比十字交叉条形基础更大的整体刚度，有利于调整地基的不均匀沉降，能较好地适应上部结构荷载分布的变化。筏板基础还可满足抗渗要求。筏板基础分为平板式和梁板式两种类型。

（1）平板式：等厚度平板［图2-79（a）］；柱荷载较大时，可局部加大柱下板厚或

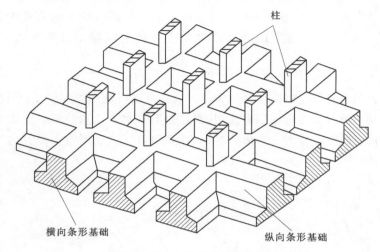

图 2-78 十字交叉条形基础

设墩基以防止筏板被冲剪破坏［图 2-79 (b)］。

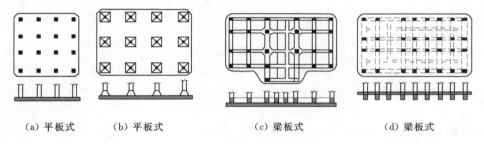

（a）平板式　　　（b）平板式　　　　（c）梁板式　　　　（d）梁板式

图 2-79 筏板基础

（2）梁板式：柱距较大，柱荷载相差也较大时，沿柱轴纵横向设置基础梁［图 2-79 (c)、(d)］筏板厚度根据经验确定，可按每层 50mm 确定筏板基础的厚度（不得小于）。

4. 箱形基础

箱形基础是由现浇的钢筋混凝土底板，顶板和纵横内外隔墙组成，形成一只刚度极大的箱子，故称为箱形基础（图 2-80）。箱形基础具有比筏板基础更大的抗弯刚度，相对弯曲很小，可视作绝对刚性基础。为了加大底板刚度，可进一步采用"套箱式"箱形基础。

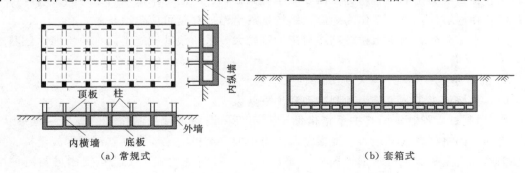

（a）常规式　　　　　　　　　　　　　　（b）套箱式

图 2-80 箱形基础

157

箱形基础埋深较深，基础空腹，从而卸除了基底处原有地基的自重应力，因此就大大减少了作用于基础底面的附加应力，减少建筑物的沉降，这种基础又称为补偿性基础。

5. 壳体基础

壳体基础的受力特点是轴向压力为主，可以充分发挥钢筋和混凝土材料抗压强度高的受力特点（梁板基础以承受弯矩为主）。其优点是节省材料，造价低，适用于筒形构筑物基础。根据形状不同可以分为三种形式，即 M 形组合壳、正圆锥壳以及内球外锥组合壳（图 2-81）。

　　（a）M 形组合壳体　　　　　（b）正圆锥壳　　　　　（c）内球外锥组合壳

图 2-81　壳体基础

二、深基础

深基础主要有桩基础、沉井和地下连续墙等几种类型，其中以历史悠久的桩基应用最为广泛。相对于浅基础，深基础埋入地层较深，结构形式和施工方法较浅基础复杂，在设计计算时需考虑基础侧面土体的影响。

（一）桩基础

桩基础是通过承台把若干根桩的顶部联结成整体，共同承受动静荷载的一种深基础。

1. 桩基础适用范围

（1）软弱地基或某些特殊性土上的各类永久性建筑物，不允许地基有过大沉降和不均匀沉降时。

（2）高重建筑物，如高层建筑、重型工业厂房和仓库、料仓等，当地基承载力不能满足设计需要时。

（3）桥梁、码头、烟囱、输电塔等结构物，宜采用桩基以承受较大的水平力和上拔力。

（4）精密或大型的设备基础，需要减小基础振幅、减弱基础振动对结构的影响时。

（5）在地震区，以桩基作为地震区结构抗震措施或穿越可液化地基时。

（6）水上基础，施工水位较高或河床冲刷较大，采用浅基础施工困难或不能保证基础安全时。

2. 桩的分类

（1）桩按施工工艺可分为预制桩和灌注桩两大类：

1）预制桩。预制桩预制桩系指借助于专用机械设备将预先制作好的具有一定形状、刚度与构造的桩杆打入、压入、或振动沉入土中的一类桩。主要有预制钢筋混凝土桩、预应力钢筋混凝土桩、钢桩（钢管桩和 H 形桩）等。预制桩的施工工艺包括制桩与沉桩两部分，沉桩工艺又随沉桩机械而变，主要有三种：锤击式、静压式和振动式。

2）灌注桩。灌注桩系指在工程现场通过机械钻孔、钢管挤土或人力挖掘等手段在地基土中形成的桩孔内放置钢筋笼、灌注混凝土而做成的一类桩。依照成孔方法不同，灌注桩又分为沉管灌注桩、钻孔灌注桩和挖孔灌注桩等几大类。

　　（2）根据桩侧阻力与桩端阻力的发挥程度和分担荷载比，可将桩分为摩擦型桩和端承型桩两大类型：

　　1）摩擦型桩。摩擦型桩是指在竖向极限荷载作用下，桩顶荷载全部或主要由桩侧摩阻力承受。根据桩侧阻力分担荷载的大小，摩擦型桩又可分为摩擦桩和端承摩擦桩两类。在深厚的软弱土层当中，无较硬的土层作为桩端持力层，或桩端持力层虽然较坚硬但桩的长径比 $1/d$ 很大，传递到桩端的轴力很小，以至在极限荷载作用下，桩顶荷载绝大部分由桩侧阻力承受，桩端阻力很小可忽略不计的桩，称其为摩擦桩。当桩的 $1/d$ 不很大，桩端持力层为较坚硬的黏性土、粉土和砂类土时，除桩侧阻力外，还有一定的桩端阻力，桩顶荷载由桩侧阻力和桩端阻力共同承担，但大部分由桩侧阻力承受的桩，称其为端承摩擦桩，这类桩所占比例很大。

　　2）端承型桩。端承型桩是指在竖向极限荷载作用下，桩顶荷载全部或主要由桩端阻力承受，桩侧阻力相对桩端阻力而言较小，或可忽略不计。根据桩端阻力发挥的程度和分担荷载的比例，又可分为摩擦端承桩和端承桩两类。桩端进入中密以上的砂土、碎石类土或中～微化岩层，桩顶极限荷载由桩侧阻力和桩端阻力共同承担，而主要由桩端阻力承受，称其为摩擦端承桩。当桩的 $1/d$ 较小（一般小于 10），桩身穿越软弱土层，桩端设置在密实砂层，碎石类土层中～微风化岩层中，桩顶荷载绝大部分由桩端阻力承受，桩侧阻力很小可忽略不计时，称其为端承桩。

　　3. 桩基础的分类

　　桩基础按承台位置可以分为高桩承台基础和低桩承台基础（简称高桩承台和低桩承台）。低桩承台的承台底面位于地面（或冲刷线）以下；高桩承台的承台底面位于地面（或冲刷线）以上。

　　（二）沉井基础

　　沉井基础是一个用混凝土或钢筋混凝土等制成的井筒形结构物，它可以仅作为建筑物基础使用，也可以同时作为地下结构物使用。沉井基础施工的施工方法是先就地制作第一节井筒，然后在井筒内挖土，使沉井在自重作用下克服土的阻力而下沉。随着沉井的下沉，逐步加高井筒，沉到设计标高后，在其下端浇筑混凝土封底。沉井只作为建筑物基础使用时，常用低强度混凝土或砂石填充井筒，若沉井作为地下结构物使用，则不进行填充而在其上端接筑上部结构。沉井在下沉过程中，井筒就是施工期间的围护结构。在各个施工阶段和使用期间，沉井各部分可能受到土压力、水压力、浮力、摩阻力、底面反力以及沉井自重等的作用。沉井的构造和计算应充分满足各个阶段的要求。

　　（三）地下连续墙

　　地下连续墙是利用专门的成槽机械在地下成槽，在槽中安放钢筋笼（网）后以导管法浇灌水下混凝土，形成一个单元墙段，再将顺序完成的墙段以特定的方式连接组成的一道完整的现浇地下连续墙体。地下连续墙具有挡土、防渗兼作主体承重结构等多种功能；能在沉井作业、板桩支护等法难以实施的环境中进行无噪音、无振动施工；能通过各种地层进入基岩，深度可达 50m 以上而不必采取降低地下水的措施，因此可在密集建筑群中施工。尤其是用于两层以上地下室的建筑物，可配合"逆筑法"施工而更显出其独特的作用。

任务训练

（1）基础在房屋中的位置及作用。

（2）基础的基本构成。

知识拓展

（1）基础的类型有哪些？

（2）基础在建筑图中怎样表示？

（3）在剖面图中剖开基础的表示方法。

考核评价

根据学生对基础的组成及各层作用掌握程度作出考核评价。

项目三 某学校学生实训楼建筑施工图的识读与绘制

子项目一 某学校学生实训楼建筑平面图的识读与绘制

任务导言

通过项目一和项目二的学习，我们已经大致掌握了建筑物各个组成部分的构造特点和做法、房屋建筑施工图的识读和利用 AutoCAD 绘制图形。接下来，我们将通过对项目三的学习，对房屋建筑施工图的识图和绘制加以巩固。

一套完整的建筑图必须要能反映出整个建筑的各个组成构件，建筑平面图要根据各楼层平面布置的不同而分别绘制。所以，我们应该掌握建筑各个平面图的识读和绘制。在前两个项目中，我们学习了建筑平面图中的底层平面图和标准层平面图的识读与绘制。在本子项目中，我们将介绍顶层平面图的识读与绘制。

任务一 顶层平面图识读

任务讲解

本任务中的顶层平面图的平面形状是 U 形，比前两个项目复杂，建筑面积也偏大。识读时，可以分成三个部分。①～⑪轴与Ⓐ～Ⓓ轴范围部分；⑪～⑬轴与Ⓐ～Ⓖ轴范围部分；④～⑬轴与Ⓖ～Ⓛ轴范围部分。

一、①～⑪轴与Ⓐ～Ⓓ轴范围部分

本部分平面形状为一个矩形。以Ⓑ轴为界又分成两个部分识读：

（1）Ⓐ～Ⓑ轴范围内为建筑第四层的不上人屋面。在不上人屋面上主要体现了屋面的排水。该屋面设置了由Ⓑ轴到Ⓐ轴方向的排水坡度，坡度 $i=3\%$；设置了三个雨水口，雨水口之间设置分水线，再次设置坡度 $i=1\%$ 的找坡（图 3-1）。

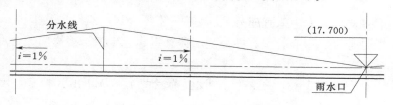

图 3-1 屋面排水

屋面三面为女儿墙，墙顶标高为 18.5m。

（2）Ⓑ～Ⓓ轴为走廊及第五层的计算机教室。本部分主要的构件为柱。Ⓑ轴上的柱体四周为墙体。墙体内墙厚度为 200mm，外墙厚度为 200mm，门垛厚度为 200mm。墙体边缘距轴线为 600mm。因为Ⓑ轴在走廊的靠近不上人屋面一侧，所以设置了高为 1200mm 的栏杆，并设置浅沟，便于排水。

②～③轴范围是楼梯间。楼梯为双跑楼梯，由左侧向下，每跑 15 级。外墙由砌块砌出造型。窗为 MQ4，四个；门为防火门 FM0 乙。

四间计算机中心教室的教室开间 16m，进深 9m，设置前后两个门 M1 出入教室，墙体窗户分别为 C6 和 C10。门窗具体尺寸见门窗大样图。

二、⑪～⑬轴与Ⓐ～Ⓖ轴范围部分

本部分除了⑪～⑫轴与Ⓑ～Ⓓ轴的部分外，其余部分实际是第四层的屋顶（图 3-2）。因此我们可将其分成三个部分识读。

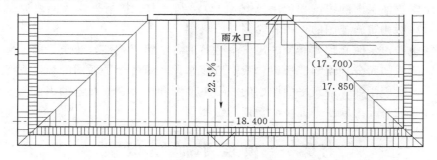

图 3-2　第四层的屋顶

（1）有填充部分。从平面图上看到的有填充这部分实际是第四层的坡屋顶。屋顶坡度为 22.5%，坡脚标高为 18.4m，坡顶标高为 19.5m。坡顶到坡脚的水平距离为（4000＋900）＝4900mm。

（2）无填充部分。中间无填充部分为第四层的平屋顶部分。主要排水以标高为 17.95m 分水线为界，2% 坡度向两侧排水，排水到两侧后再以两侧的分水线为界，以 1% 的坡度排水。

（3）⑪～⑫轴与Ⓑ～Ⓓ轴的部分。本部分为第五层的楼梯间和卫生间。内外墙体厚度为 200mm，造型墙厚为 100mm。楼梯间开间和进深与②～③轴范围是楼梯间一样，窗为 C5a，尺寸见门窗大样图。卫生间窗为 C6 和 C8，门为 M4，分别在男卫生间、女卫生间和清洁间各设一道。卫生间走道宽为 1300mm。

三、④～⑬轴与Ⓖ～Ⓛ轴范围部分

本部分主要是计算机中心教室、办公室、休息室、卫生间、楼梯间、走廊等房间的平面布置。

计算机中心教室开间 16m，进深 9m。设置前后两个门 M1 出入教室，墙体窗户分别为 C6。

楼梯间旁设置了杂物间和强、弱电间。墙体厚度均为 200mm，门窗有：M3、FM3 丙

（防火门）、MQ5a（幕墙）。在楼梯间右侧为男女卫生间和清洁间，出入门均为 M4。办公室开间为 8m，进深 8m；出入门为 M1，窗为 C10。办公室和卫生间外设置栏杆，办公室、楼梯间和卫生间外窗户为玻璃幕墙 MQZJC2。

右侧为楼梯间和休息间。

走廊宽为 2400 蒙面，外侧栏杆高 1200mm，栏杆旁设浅沟排水。

外围双点画线为上层投影线。

任务二　顶层平面图绘制

一、顶层平面图轴线绘制

新建轴线图层并设为当前图层，打开 正交 。【绘图】→【直线】→单击任意点→沿水平方向→输入 92000，回车，画出 ① 轴线；【绘图】→【直线】→单击任意点→沿竖直方向→输入 62000，回车，画出 Ⓐ 轴线；绘制好的轴线见图 3-3。

以此两条线为基准线，利用【修改】中的【偏移】命令，依次绘制出水平方向和竖直方向上的所有轴线，见图 3-4。

图 3-3　绘制①轴线和Ⓐ轴线

二、顶层平面图柱、墙绘制

（1）绘制柱。由结构施工图中柱平面图布置图知，标准层中的柱截面宽为 600mm，截面高为 600mm。轴线居中布置。

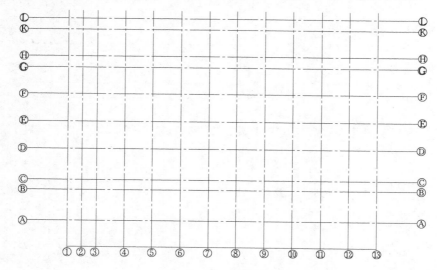

图 3-4　绘制所有轴线

【绘图】→【矩形】→单击任意一点→输入 @600，600，回车，画出柱。

【绘图】→【直线】→连接矩形的对角线。

【修改】→【复制】→选择矩形→单击右键→单击对角线交点→拖动鼠标到②轴线与Ⓑ轴线的交点，单击即可画出柱

【绘图】→【图案填充】弹出"图案填充"对话框，单击图案项的 按钮，弹出填充图案选项板，在其他预定义里选择需要的填充形状后点击确定，回到"图案填充"对话框，点击 添加:拾取点，将十字光标移到矩形框内点击，点击右键，点击确认。再次弹出图案填充对话框，再点击确认，完成填充，见图3-5。

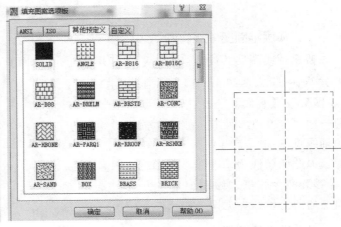

图3-5 柱的填充

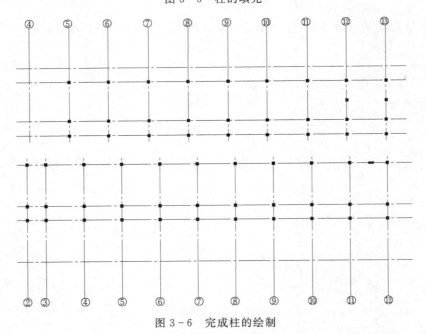

图3-6 完成柱的绘制

【修改】→【复制】→选择已填充矩形→单击右键→单击轴线交点→拖动鼠标到各水

平轴线与各竖向轴线的交点，单击即可画出所有相同柱。

同方法绘制出两个楼梯间的截面宽度为 600mm，截面高度为 400mm 和截面宽度为 1000mm，截面高度为 400mm 的柱，见图 3－6。

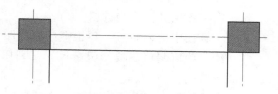

图 3－7 绘制墙的内外线

（2）绘制墙。由建筑说明可知：所有墙厚均为 200mm，包管墙厚均为 100mm，开门位置除标注说明外门垛均为 200mm。

1）绘制②～③轴线与Ⓒ～Ⓓ轴线楼梯间墙体。新建墙体图层并置为当前。打开捕捉功能，用【绘图】→【直线】沿②、③、Ⓒ、Ⓓ轴线两两交点上柱的顶点连接绘制，得到墙的内边线（图 3－7）。【修改】→【偏移】，点击绘制的墙内边线，向外偏移 200mm（墙厚），得到墙外边线（图 3－8）。

2）绘制外装饰墙。由图 3－8 可知，装饰外墙外边距离轴线 600mm，轴线与楼梯间墙外边线距离为 100mm，所以在绘制装饰墙外边线时，可利用【修改】→【偏移】命令，偏移 700mm 得到装饰墙外边，再向内偏移 100mm，即可得到内边线。再利用【修剪】、【延伸】等命令完善图形（图 3－9）。

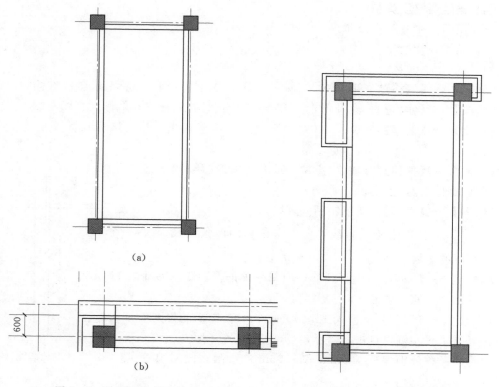

（a）

（b）

图 3－8 绘制装饰墙内边线（一）

图 3－9 绘制装饰墙内边线（二）

3）同样方法可绘制出其他墙体。

三、顶层平面图门窗绘制

新建门窗图层并置为当前。

首先了解图中门窗布置，再根据门窗详图了解门窗尺寸，最后再进行绘制。

（1）绘制门窗洞口。根据门窗尺寸，利用【偏移】、【修剪】、【延伸】、【打断】、【删除】等命令绘制。

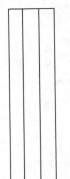

图 3 - 10　绘制窗 MQ4

【修改】→【打断】→根据门窗位置选择墙线→输入 F→点击打断的第一点→点击打断的第二点。完成门窗洞口绘制。

（2）绘制门窗。如②轴线上窗为 MQ4，由门窗线图了解其尺寸为宽度为 800mm，厚度与墙厚一致。具体绘制如下：

【绘图】→【矩形】→单击任意一点→输入@200，800 回车。

【修改】→【分解】→单击矩形。

【修改】→【偏移】→输入偏移距离 67，回车→单击一条矩形竖直线→移动鼠标到矩形内侧点击。再重复点击，绘制出用四线来表示的窗 MQ4（图 3 - 10）。

【修改】→【移动】→选择已绘制好的窗→单击窗右上角点为基点→拖动鼠标将窗移动到其相应位置，点击，完成窗户的安装。

四、第四层屋顶绘制

新建屋顶图层并置为当前。

（1）坡屋顶绘制：

1）绘制轮廓线：

【修改】→【偏移】→输入 900，回车→单击⑬轴线→移动鼠标到⑬轴线右侧，点击。

【修改】→【偏移】→输入 400，回车→单击偏移直线→移动鼠标到直线左侧，点击。

【修改】→【偏移】→输入 300，回车→单击偏移直线→移动鼠标到直线左侧，点击（图 3 - 11）。

【修改】→【偏移】→输入 4000，回车→单击⑬轴线→移动鼠标到⑬轴左侧，点击。

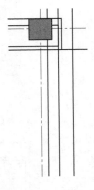

【绘图】→【直线】，任意绘制一直线。

点击 ✎ ，先单击绘制直线，再点击偏移的两条直线。改变偏移直线的图层特性。

【修改】→【偏移】→输入 900，回车→单击Ⓐ轴线→移动鼠标到Ⓐ轴线下侧，点击。

【修改】→【偏移】→输入 13700，回车→单击⑬轴线→移动鼠标到⑬轴线左侧，点击。

再将两条线分别偏移 400mm 和 700mm。绘制右侧屋顶轮　图 3 - 11　绘制轮廓线（一）廓线。

再利用【修剪】、【偏移】等命令完善图形（图 3 - 12）。

【修改】→【偏移】→输入 4000，回车→单击⑫轴线→移动鼠标到⑫轴线右侧，点击。

【修改】→【偏移】→输入 900，回车→单击⑫轴线→移动鼠标到⑫轴线左侧，点击。

【修改】→【偏移】→输入 900，回车→单击⑪轴线→移动鼠标到⑪轴线左侧，点击。得到一条偏移线，将偏移线再向右分别偏移 400mm 和 700mm。

【修改】→【偏移】→输入 4000，回车→单击⑪轴线→移动鼠标到⑪轴线右侧，点击。得到偏移线，再偏移线向左偏移 200mm。

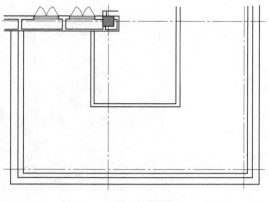

图 3-12　绘制轮廓线（二）

2）填充屋面：

【绘图】→【图案填充】弹出图案填充对话框。将图案设置为 ANSI32，角度设置为 135，比例设置为 2000，单击 [图标] 添加：拾取点，点选需填充位置，单击右键，再单击确定，返回图案填充对话框，单击确定。完成坡屋顶填充（图 3-13）。

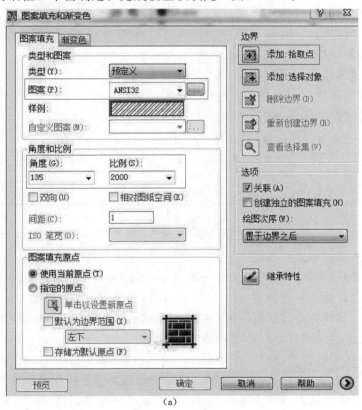

(a)

图 3-13（一）　填充屋面

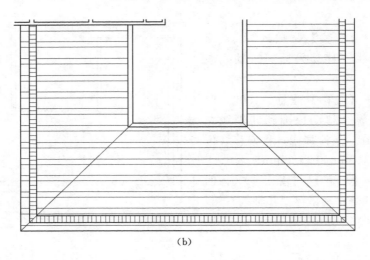

（b）

图 3-13（二）　填充屋面

（2）平屋顶绘制：

1）绘制①～⑪轴线与Ⓐ～Ⓑ轴线范围内平屋面外轮廓线：

【修改】→【偏移】→输入 500，回车→单击Ⓐ轴线→移动鼠标到Ⓐ轴线下侧，点击。得到偏移线，再偏移线向内偏移 200mm。

【修改】→【偏移】→输入 500，回车→单击②轴线→移动鼠标到②轴线左侧，点击。得到偏移线，再偏移线向右偏移 200mm。

【修改】→【偏移】→输入 500，回车→单击⑪轴线→移动鼠标到⑪轴线右侧，点击。得到偏移线，再偏移线向左偏移 200mm。

再利用【修剪】命令完善图形（图 3-14）。

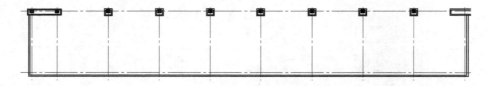

图 3-14　绘制平屋面外轮廓线

2）绘制雨水口、分水线及坡线：

【绘图】→【圆】→【圆心、直径】→输入直径 150mm，绘制出圆。

【修改】→【移动】→选择圆→拖动鼠标将圆移到④轴线与Ⓐ轴线相交位置。

【修改】→【复制】→选择圆→拖动鼠标将圆移到⑦轴线与Ⓐ轴线相交位置及⑩轴线与Ⓐ轴线相交位置。

在④～⑦轴线中线位置绘制一条分水线，线长为 1500mm。在⑦～⑩轴线中线位置绘制一条分水线，线长为 1500mm。再以分水线端点绘制直线连接各雨水口位置。

【绘图】→【多段线】→单击任意一点为箭线起点→单击任意点为箭线终点→输入 w →输入箭头宽度 150，回车→输入箭尾宽度 0，回车→拖动鼠标到适合位置单击。完成箭线绘制。

五、尺寸标注

设置标注样式，【格式】→【标注样式】弹出标注样式对话框。

点击新建，输入名字，点击继续。在新建标注样式里对各项进行设置。一般设置见图 3-15，标注样式设置完成后并置为当前。

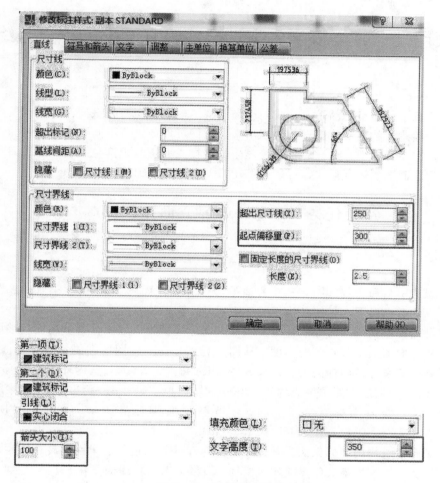

图 3-15　设置标注样式

【标注】→【线性】→点击尺寸起点①轴线→点击尺寸终点②轴线。

【标注】→【连续】依次点击各条轴线便可连续绘制出个轴线间的尺寸。

其余尺寸绘制方法类似。完成平面图尺寸绘制。

另外利用项目一中标高绘制方法绘制出图中标高。

六、文字书写

此处从略。

任务训练

绘制《建筑施工图集》中某学生实训楼中的其他平面图。

考核评价

根据学生完成任务情况衡量学生掌握程度。

子项目二　某学校学生实训楼建筑立面图的识读与绘制

任务导言

通过项目一、项目二的学习，我们已经了解了建筑立面图的识读。而只有一个立面图是无法将一幢建筑的全部外部形状表现出来。我们可以通过对不同方位的立面的识读来了解建筑物。在项目三中，通过对某学校学生实训楼立面图的识读与绘制，使我们掌握建筑物各构件在立面图的表现形式，并能熟练用 CAD 绘制立面图。

任务一　①～⑬轴立面图识读

任务讲解

（1）识读图名和比例。图 3-16 名称为①～⑬轴立面图，比例为 1 : 175。通过立面图图名可以联系平面图，了解各构件的平面尺寸，帮助识读立面图。本立面图外形较为复杂。由图可知，本实训楼为五层，部分四层。部分屋面为平屋面，部分屋面为坡屋面。

（2）从立面图上了解建筑的高度。从图中看到，在立面图的左侧和右侧都注有标高，从左侧标高可知室外地面标高为 -0.450，室内标高为 ±0.000，室内外高差 0.45m，楼层层高为 4.5m。第四层平屋顶标高为 18.000m，坡屋顶坡脚标高为 18.400m，坡顶标高为 19.500m。第五层屋面标高为 22.500m，坡屋顶坡脚标高为 23.000m，坡顶标高为 25.500m。建筑的总高 25.5+0.450=25.95（m）。

（3）了解建筑物的装修做法。从图中可知，A 区为灰色外墙柔性面砖；B 区为砖红色外墙柔性面砖；C 区为蓝灰色氟碳喷涂栏杆；D 区为蓝灰色屋面 S 型瓦。

（4）立面图上门窗位置及类型。本立面图窗户多采用玻璃幕墙。

（5）建立建筑物的整体形状。通过识读平面图和立面图，应建立该建筑的整体形状，包括形状、高度、装修的颜色、质地等。

任务训练

识读某学校学生实训楼的其他立面图。

考核评价

根据学生完成任务情况衡量学生掌握程度。

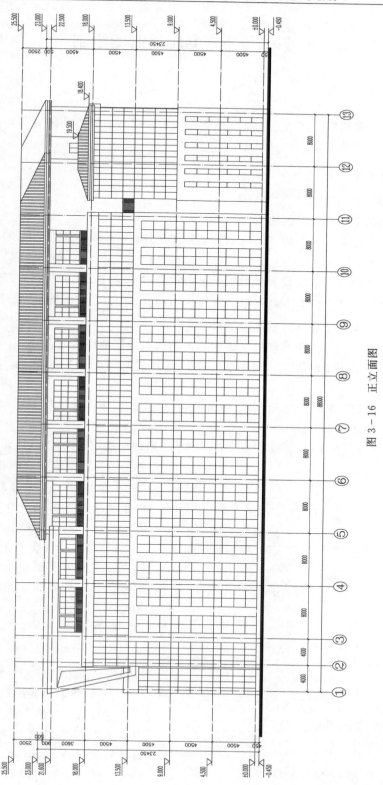

图 3 - 16 正立面图

任务二　①～⑬轴立面图绘制

任务讲解

本任务以《建筑施工图集》中某学校学生实训楼①～⑬轴立面图为例，详细讲述建筑立面图的绘制过程及方法。

一、设置绘图环境

绘图环境的设置方法同项目二。

二、绘制辅助线、外轮廓线

（1）打开前面中已存盘的"①～⑬轴立面图.dwg"文件，进入 AutoCAD 2007 的绘图界面。

（2）将"辅助线"层设置为当前层。单击状态栏中的【正交】按钮，打开正交状态。

（3）通过单击【绘图】工具栏中的直线命令按钮 ✏，执行直线命令，在图幅内适当的位置绘制水平基准线和竖直基准线。

（4）对照图中轴线间距及楼层层高绘制出轴线及楼层辅助线。

（5）对照平面图中的尺寸，利用【偏移】、【修剪】、【延伸】等命令，绘制出全部辅助线。

【修改】→【偏移】→输入 700，回车→单击②轴线→移动鼠标到②轴线左侧单击。与地坪线交于 A 点。

【修改】→【偏移】→输入 800，回车→单击第四层楼层辅助线→移动鼠标在其下侧单击。与刚偏移的直线相交于 B 点。

【修改】→【偏移】→输入 800，回车→单击①轴线→移动鼠标在其左侧单击。

【修改】→【偏移】→输入 4000，回车→单击第五层楼层辅助线→移动鼠标在其上侧单击。与刚偏移的直线相交于 C 点。

同样的方法，结合平面图，依次绘制出轮廓线各点（图 3-17）。

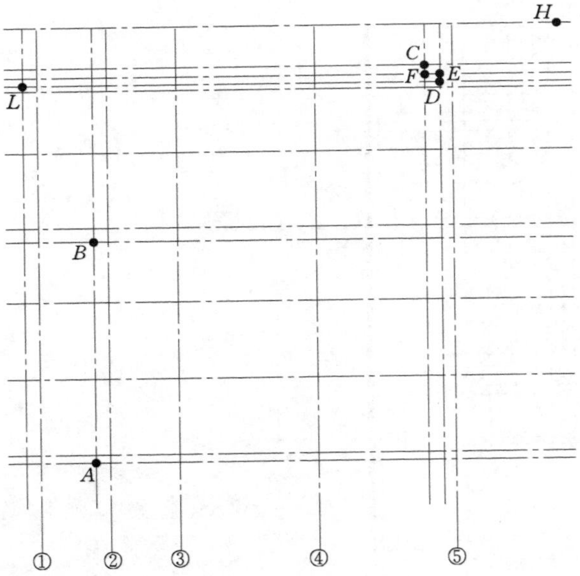

三、绘制底层和标准层立面

（一）绘制外轮廓线

（1）将"立面"图层设为当前层，单击状态栏中的【对象捕捉】按钮，打开对象捕捉方式，然后设置捕捉方式为"端点"和"交点"方式。

图 3-17　绘置辅助线

（2）绘制地坪线。在图层管理特性管理器里新建地坪层图层，将线宽设置为 0.7，【直线】命令完成地坪线的绘制。

（3）绘制轮廓线。新建轮廓线图层，并将线宽设置为 0.4，利用【直线】命令再将各点连接，形成建筑外轮廓线（图 3-18）。

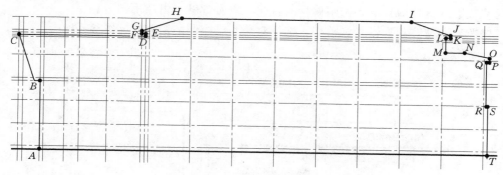

图 3-18 建筑外轮廓线

（二）绘制门窗

在绘制窗之前，先观察一下这栋建筑物上一共有多少种窗户，在 AutoCAD 2007 作图的过程中，每种窗户只需作出一个，其余都可以利用 AutoCAD 2007 的复制命令或阵列命令来实现。

绘制窗户的步骤如下：

（1）绘制窗洞。结合各层平面图，了解①～⑬轴立面图上的窗的位置、尺寸以及与各轴线、墙体之间的关系，绘制出窗洞。

1）②～⑪轴线范围内窗洞绘制：

【修改】→【偏移】→输入 700，回车→单击③轴线→移动鼠标到③轴线左侧单击。

【修改】→【偏移】→输入 700，回车→单击③轴线→移动鼠标到③轴线右侧单击。

绘制出窗洞侧墙线。

根据平面图中窗洞与窗户的尺寸关系，利用【复制】、【修剪】命令绘制出③～⑪轴线范围内的窗洞（图 3-19）。

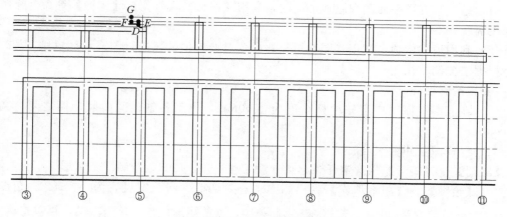

图 3-19 绘制窗洞

2）⑪～⑬轴线范围内窗洞绘制：

【修改】→【偏移】→输入 600，回车 →单击③轴 →移动鼠标到⑬轴左侧单击。

【修改】→【偏移】→输入 800，回车 →单击偏移线 →移动鼠标到其左侧单击。

【修改】→【偏移】→输入 1000，回车 →单击三层楼层线→移动鼠标到其下侧单击

【修改】→【修剪】→点选刚偏移的直线，点右键→点击超出部分。

【修改】→【阵列】设置好数据。选择对象为已绘制的窗侧线（图 3-20）。

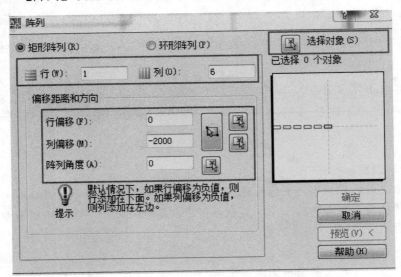

图 3-20　"阵列"对话框

（2）填充窗户。新建图层并置为当前。

【绘图】→【图案填充】弹出图案填充对话框。将图案设置为 ANSI37，角度设置为 135，比例设置为 8000，单击 [图标] 添加：拾取点，点选需填充位置，单击右键，再单击确定，返回图案填充对话框，单击确定（图 3-21）。完成窗户填充。

（三）绘制屋顶

（1）结合第五层平面图和屋顶平面图，利用【偏移】、【修剪】、【延伸】等命令绘制出屋顶轮廓线。

（2）利用填充屋顶。利用【图案填充】命令对坡屋顶区域进行图案填充（图 3-22）。注意根据情况调整比例。

（四）绘制栏杆

（1）在五层平面图中可知栏杆高度为 1200mm，位于各轴线间的装饰墙之间，宽度为 6800mm。

新建栏杆图层并置于当前。

【绘图】→【矩形】→指定任意起点→输入@6800，1200，绘制一个矩形。

（2）【绘图】→【图案填充】弹出图案填充对话框。将图案设置为 ANSI37，角度设置为 45，比例设置为 3000，单击 [图标] 添加：拾取点，点击矩形内部，单击右键，再单击确定，

图 3-21　窗户填充

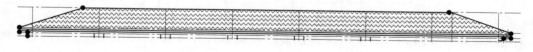

图 3-22　填充屋顶

返回图案填充对话框，单击确定。完成窗户填充。

（3）【修改】→【移动】→框选已绘制的栏杆，单击右键→以矩形右上角点为基点→拖动鼠标相应位置。

（4）【修改】→【复制】→框选已绘制的栏杆，单击右键→以矩形右上角点为基点→拖动鼠标相应位置。

同法绘制出第四层栏杆（图 3-23）。

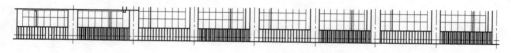

图 3-23　绘制栏杆

（五）尺寸标注与文字注写

此处从略。

任务训练

完成《建筑工程图集》中某学生实训楼其他立面图绘制。

考核评价

根据学生制作立面图的依据衡量学生掌握程度。

子项目三　某学校学生实训楼建筑剖面图的识读与绘制

任务导言

通过前两个任务的学校，我们知道要表现建筑物内部的构造，必须绘制建筑剖面图。因为本项目内部构造比较复杂，所以只用一个剖面图无法将建筑内部构造详细表达。该实训楼有两个剖面图，本子项目以 2-2 剖面图（图 3-24）详细讲述剖面图识读与绘制。

任务一　2-2 剖面图识读

任务讲解

（1）识读图名、比例。本图图名为 2-2 剖面图，比例为 1：175。

（2）剖切符号的识读。根据图名，在首层平面图中⑧轴线和⑨轴线之间找到剖切符号，剖切符号中将两条短划线连接成一条直线，该直线经过的位置即为 2-2 剖面图中的剖切位置；另外两条短划线即为该剖面图形成的投影方向，本图投影方向向右。由一层平面图可知剖切是从Ⓛ轴线开始，先剖切的Ⓛ轴线上的墙体和门窗，然后依次剖切到Ⓗ、Ⓖ、Ⓕ、Ⓓ、Ⓒ、Ⓑ、Ⓐ轴线上的墙体和门窗。另外，各层楼地面及屋面也被剖切到。

（3）2-2 剖面图（图 3-24）表明该实训楼是五层，地下一层，各层层高为 4.5m。平屋顶，屋顶上四周为坡屋顶。

（4）图中用粗实线表示的均为被剖切到的钢筋混凝土构件，包括楼板、梁、屋面板、楼面板、剪力墙等。图中细实线表示未被剖切到的结构构件、门窗、尺寸标注、文字等。

任务训练

识读某学生实训楼中的其他剖面图。

考核评价

根据学生完成任务情况衡量学生掌握程度。

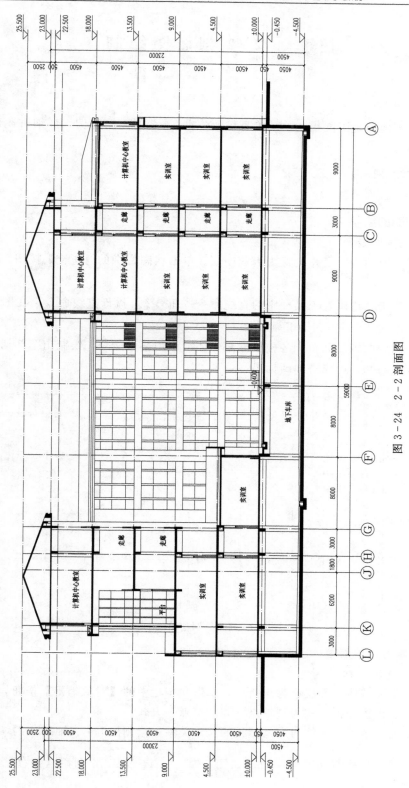

图 3 - 24　2 - 2 剖面图

任务二 2-2 剖面图绘制

任务讲解

本任务以《建筑施工图集》中某单身教师公寓2-2剖面图为例，详细讲述建筑剖面图的绘制过程。

一、设置绘图环境

设置方法同子项目二。

二、剖面图的绘制

（一）绘制辅助线

（1）新建"辅助线"层并设置为当前图层。单击状态栏中的【正交】按钮，打开正交状态。

（2）通过单击【绘图】工具栏中的直线命令按钮 ![直线命令按钮]，执行直线命令，在图幅内适当的位置绘制基准线±0.000线和⑩轴线。

（3）按照图中的轴线间距和各楼层标高标注，利用偏移命令，绘制出全部辅助线（图3-25）。为方便绘制，可先将标高标出。

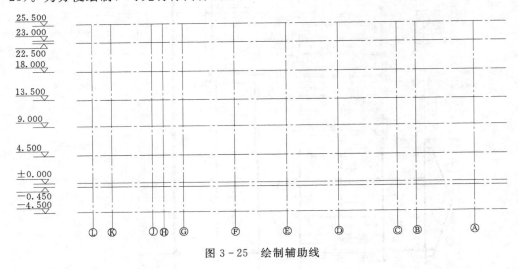

图 3-25 绘制辅助线

（二）绘制各层剖面图

1. 绘制各层墙、柱

（1）将"剖面墙体"图层设为当前层，单击状态栏中的【对象捕捉】按钮，打开对象捕捉方式，然后设置捕捉方式为"端点"和"交点"方式。

（2）从平面图中了解墙体与定位轴线的尺寸关系，绘制出⑩~Ⓐ轴线上的墙体。注意⑩轴上的墙体厚度与柱截面高度一致。如图 ![MQ3 C12 图示]，利用【偏移】、【直线】、

【格式刷】等命令绘制。

【修改】→【偏移】→输入偏移距离 300，回车→选择⑥轴→移动鼠标在⑥轴线任意右侧单击，回车。重复此命令，在移动鼠标在⑥轴线任意左侧单击。

新建墙体图层并置为当前。

【绘图】→【直线】→指定任意起点→打开正交，指定下一点，绘制出一条水平线。

【标准】→【特性匹配】→单击用墙体图层绘制的直线→单击偏移在⑥轴线两侧的直线。完成⑥轴线墙体绘制。其他轴线上墙体绘制方法相同。绘制时请注意墙线与定位轴线的关系，得到图 3-26。

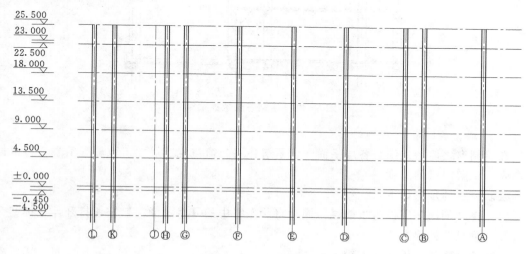

图 3-26 绘制墙体

2. 绘制各层承重构件

（1）绘制地下室底板、墙体、梁。根据结施图知地下室地面厚度为 350mm，楼地面厚度为 150mm。墙体厚度为 350mm。各层框架梁高为 800mm。

根据以上尺寸，利用【绘图】→【直线】或【修改】→【偏移】、【修剪】、【延伸】等命令绘制出图形，【标准】→【特性匹配】然后再用【绘图】→【图形填充】完成地下室地面、梁的填充，见图 3-27。

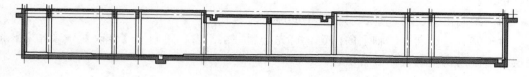

图 3-27 绘制地下室底板、墙体梁

（2）绘制各层楼板、梁。根据各楼层楼板厚度为 150mm，梁高为 800mm，梁宽为 200mm。

最后将未被剖切到的柱、梁可见轮廓线用【绘图】→【直线】命令绘制补充完整（图 3-28）。

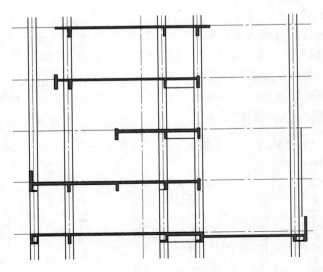

图 3 - 28　绘制各层楼板梁

3. 绘制各层门窗

在绘制窗之前，先结合各层平面图，了解各层门窗位置、尺寸、数量等信息。再根据门窗表，了解门窗的高度。

绘制窗户的步骤如下：

（1）将"剖面"层设为当前层，同时将状态栏中的【对象捕捉】按钮打开，选择"交点"和"垂足"捕捉方式。

（2）绘制底层Ⓚ轴线上的窗：

1）绘制窗户的外轮廓线。单击【修改】工具栏中的矩形命令按钮▭，捕捉辅助线上窗左下角点的位置一个角点的位置，输入窗外轮廓线右上角的相对坐标@200，2800，回车完成的窗户外轮廓线的绘制。

2）绘制内轮廓线。单击【修改】→【分解】命令按钮⁂→点选所画的矩形，完成分解。

【修改】→【偏移】→输入 67，回车→点选已分解的矩形的右侧竖线→光标移向左侧，单击。

同法绘制出Ⓙ、Ⓗ、Ⓖ、Ⓕ轴线上的门窗。

对于Ⓓ、Ⓒ、Ⓑ、Ⓐ轴上的门窗，可先绘制一层门窗，再利用【修改】→【阵列】将底层已绘制门窗全部复制到各层。

4. 绘制屋顶

由图可知，屋顶为坡屋面，高为 3000mm。根据详图所示尺寸，再利用前面已介绍过的【绘图】、【修改】工具栏中的各个命令即可绘制出本图的屋顶（图 3 - 29）。对于未被剖切到的坡屋顶线及楼梯间屋檐顶线，可利用【绘图】→【直线】命令绘制。

同法绘制出Ⓓ～Ⓐ轴线上的屋顶。

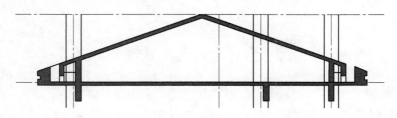

图 3 - 29　绘制屋顶

5. 尺寸标注与文字注写

此处从略。

任务训练

识读某学校学生实训楼中的其他立面图。

考核评价

根据学生完成任务情况衡量学生掌握程度。

参 考 文 献

[1] 西安建筑科技大学等. 房屋建筑学 [M]. 北京：中国建筑工业出版社，2006.

[2] 尚久明. 建筑识图与房屋构造 [M]. 北京：电子工业出版社，2010.

[3] 11G101-1 国家建筑标准设计图集 [S]. 北京：中国计划出版社，2011.

[4] 孙秋荣. 建筑识图与绘图 [M]. 北京：中国建筑工业出版社，2010.

[5] 王小树. 建筑制图识图与 CAD [M]. 北京：中国水利水电出版社，2011.

[6] 陈龙发. 土木工程 CAD [M]. 北京：中国建筑工业出版社，2012.

[7] 巩宁平. 建筑 CAD [M]. 4 版. 北京：机械工业出版社，2013.

[8] 孙玉红. 房屋建筑构造 [M]. 北京：机械工业出版社，2015.